U0343525

企业应急管理与预案编制系列读本

建筑施工事故
应急管理与预案编制

企业应急管理与预案编制系列读本编委会　编

主　编　佟瑞鹏

副主编　王　岩

中国劳动社会保障出版社

图书在版编目（CIP）数据

建筑施工事故应急管理与预案编制／《企业应急管理与预案编制系列读本》编委会编. —北京：中国劳动社会保障出版社，2015

（企业应急管理与预案编制系列读本）

ISBN 978-7-5167-1783-7

Ⅰ.①建… Ⅱ.①企… Ⅲ.①建筑工程-工程事故-处理-方案制定 Ⅳ.①TU712

中国版本图书馆 CIP 数据核字(2015)第 077429 号

中国劳动社会保障出版社出版发行

（北京市惠新东街 1 号 邮政编码：100029）

＊

北京金明盛印刷有限公司印刷装订 新华书店经销

880 毫米×1230 毫米 32 开本 8 印张 198 千字

2015 年 4 月第 1 版 2015 年 4 月第 1 次印刷

定价：25.00 元

读者服务部电话：(010) 64929211/64921644/84643933

发行部电话：(010) 64961894

出版社网址：http://www.class.com.cn

丛书编委会名单

佟瑞鹏　　杨　勇　　任彦斌　　王一波　　杨晗玉

翁兰香　　曹炳文　　刘亚飞　　秦荣中　　刘　欣

徐孟环　　秦　伟　　王海欣　　王　斌　　李春旭

万海燕　　王文军　　郑毛景　　杜志托　　张　磊

李　阳　　董　涛　　王　岩

本书主编　　佟瑞鹏

副 主 编　　王　岩

内 容 提 要

　　本书为"企业应急管理与预案编制系列读本"之一，根据新修订的《中华人民共和国安全生产法》要求，紧扣建筑企业生产安全事故应急预案编制方法这一中心，全面介绍事故应急管理和技术处置知识，旨在提高建筑企业的应急能力，规范应急的操作程序和指导应急预案编制。

　　本书主要内容包括：概述，建筑企业应急救援工作体系与管理，建筑企业应急预案编制，建筑施工事故应急响应，应急预案的培训与演练，建筑施工应急救援预案示例。

　　本书可作为安全生产监督管理人员、行业安全生产监督管理人员、企业安全生产管理人员、企业应急管理和工作人员、其他与应急活动有关的专业技术人员读本，还可作为企业从业人员知识普及用书。

我国最新修订的《安全生产法》与《职业病防治法》均明确规定，各级政府与部门、各类行业与生产经营单位要制定生产安全事故应急救援预案，建立应急救援体系。《安全生产"十二五"规划》（国办发〔2011〕47号）中也再次明确要求：要"推进应急管理体制机制建设，健全省、市、重点县及中央企业安全生产应急管理体系，完善生产安全事故应急救援协调联动工作机制"。建立生产安全事故应急救援体系，提高应对重特大事故的能力，是加强安全生产工作、保障人民群众生命财产安全的现实需要。对提高政府预防和处置突发事件的能力，全面履行政府职能，构建社会主义和谐社会具有十分重要的意义。

随着我国经济飞速发展，能源和其他生产资料需求明显加快，各类生产型企业和一些新兴科技产业规模越来越大，一旦发生事故，很可能造成重大的人员伤亡和财产损失。我国的安全生产方针是"安全第一、预防为主、综合治理"，加强生产安全管理，提高安全生产技术，做好事故的预防工作，可以避免和减少生产安全事故的发生。但同时，应引起企业高度重视的问题是一旦发生事故，企业应如何应对，如何采取迅速、准确、有效的应急救援措施来减少事故发生后造成的人员伤亡和经济损失。目前，我国正处于经济转型期，安全生产形势日益严峻，企业迫切需要加快应急工作进程，加强应急救援体系的建设。该项工作已成为衡量和评价企业安全的重要指标之一。事故应急救援是一项系统性和综合性的工作，既涉及科学、技术、管理，又涉及政策、法规和标准。

为了提高生产经营企业应对突发事故的能力，我们特组织有关行业、企业主管部门及高校与科研院所的专家，编写出版了"企业应急管理与预案编制系列读本"。本系列读本紧扣行业企业生产安全事故应急管理和预案编制工作这一中心，将事故应急工作中的行政管理和技术处置知识有机结合，指导企业提高生产安全事故现场应急能力与技术水平，规范应急操作程序。系列读本突出实用性、可操作性、简明扼要的特点，以期成为一部企业应急管理和工作人员平时学习、战时必备的实用手册。各读本在编写中注重理论联系实际，将国家有关法律法规和政策、相关专业机构和人员的职责、应急工作的程序与各类生产安全事故的处置有机结合，充分体现"预防为主、快速反应、职责明确、程序规范、科学指导、相互协调"的原则。

本套丛书在编写过程中，听取了不少专家的宝贵意见和建议。在此对有关单位专家表示衷心的感谢！本套丛书难免存在疏漏之处，敬请批评指正，以便今后补充完善。

目 录
CONTENTS

第一章
概述

第一节 建筑企业施工特点

一、建设工程施工的特点

1. 建设产品固定性，施工周期长

无论是房屋建筑、市政工程，还是公路、铁路、水利工程等，只要建设工程项目选址确定后，所有的建设活动都是围绕这个确定的地点进行的，形成了在有限的施工场地集中了大量的工人、建筑材料、施工机器、设备、起重设备及配件等。建设工程施工周期长，有的需要几个月、几年，甚至十几年，才能完成所有的建设活动。

2. 大部分在露天空旷的场地上完成

一幢房屋建筑从基础、主体结构到竣工验收，露天作业约占整个工程的 70%，因而工作环境相当艰苦。

3. 体积庞大、高空作业多，受气候影响大

建设工程一般体积庞大，如房屋建筑，一般层高为 3 m，从一层到十几层甚至几十层，整个房屋的高度达到几十米甚至几百米，因此，建筑工人要在高空上从事露天作业，受气候的影响非常大。

4. 流动性大，人员整体素质较差

施工队伍随着工程建设会在不同的施工场地间流动，同时，施工队伍中的人员流动也相当大，总是有新的工人加入到施工队伍中，

使施工队伍的管理难度加大。目前，很多工地上的建筑工人大多是外来务工人员，文化水平不高，素质较差，安全意识和自我保护能力较弱。

5. 手工操作多、体力消耗大和劳动强度高

尽管目前推广应用先进科学技术，出现了大模、滑模、大板等施工工艺，机械设备代替了不少人的劳动，但从整体建设活动来看，手工操作的比重仍然很高，工人的体力消耗很大，劳动强度相当高，建设工程施工还是一个重体力行业。

6. 产品的多样性和施工工艺复杂多变性

一项建设工程，每道工序、施工方法是不同的。尽管在有的过程中有一定的规律性，但建设产品的多样性和施工生产工艺复杂多变性，受施工要求、施工时间、施工场地等多种因素的影响，施工过程变化大，管理难度大，给施工安全带来不少的隐患。

二、建设施工安全生产环节的主要障碍

1. 产品的固定性导致作业环境局限性

建设产品位于一个固定的位置，导致了必须在有限的场地和空间上集中大量的人力、物资、机具来进行交叉作业，由此导致作业环境的局限性，因而容易产生物体打击等伤亡事故。

2. 露天作业导致作业条件恶劣性

建筑施工大多在露天空旷的场地上完成，导致工作环境相当艰苦，容易发生伤亡事故。

3. 体积庞大带来了施工作业高空性

建筑产品的体积十分庞大，操作工人大多在十几米，甚至几百米上进行高处作业，因而容易产生高处坠落的伤亡事故。

4. 流动性大，工人整体素质低带来了安全管理难度性

由于建设产品的固定性，当这一产品完成后，施工单位就必须转移到新的施工地点去，施工人员流动性大，且施工人员以农民工

为主，安全意识较差，因此使施工安全管理难度大。

5. 手工操作多、体力消耗大、强度高带来了个体劳动保护艰巨性

在恶劣的作业环境下，施工工人的手工操作多，体能耗费大，劳动时间和劳动强度都比其他行业要大，其职业危害严重，带来了个人劳动保护的艰巨性。

6. 产品多样性、施工工艺多变性

如一栋建筑物从基础、主体至竣工验收，各道施工工序均有其不同的特性，其不安全的因素各不相同。同时，随着工程建设进度，施工现场的不安全因素也在随时变化，要求施工单位必须针对工程进度和施工现场实际情况不断地、及时地采取安全技术措施和安全管理措施予以保证。

7. 施工场地窄小带来了多工种立体交叉性

近年来，建筑由低向高发展，施工现场却由宽到窄发展，致使施工场地与施工条件要求的矛盾日益突出，多工种交叉作业的增加导致机械伤害、物体打击事故增多。

8. 拆除工程潜在危险带来作业的不安全性

随着旧城改建，拆除工程数量加大，拆除工程潜在危险表现在：原建（构）筑物施工图纸很难找到；不断加层或改变结构，使原来力学体系受到破坏，带来作业的不安全性，容易导致拆除工程倒塌事故的发生。

施工安全生产的上述特点，决定了施工生产的安全隐患多存在于高处作业、交叉作业、垂直运输、个体劳动保护以及使用电气工具上，伤亡事故也多发生在高处坠落、物体打击、机械伤害、起重伤害、触电、坍塌及拆除工程倒塌等方面。同时，超高层、新、奇、个性化的建筑产品的出现，给建筑施工带来了新的挑战，也给建设工程安全管理和安全防护技术提出了新的要求。

第二节　建筑生产安全事故

一、建筑事故成因、类型及主要伤害部位

1. 建筑事故成因

近年来，建筑施工中多发性伤亡事故不断发生，产品固定和施工人员流动的特性，决定了它具有生产设施的临时性、人机的流动性、作业环境的多变性和多工种立体作业的特点，加上建筑施工又要在有限的场地、空间，集中大量人员、材料、设备进行多方位、多层次的露天作业、交叉作业和高处作业，导致了建筑施工伤亡事故的大量发生。尽管事故分类方案各不相同，但有共同的特点。图1—1为我国建筑事故分类及其发生的原因。

2. 建筑施工伤亡事故类型分析

建筑施工伤亡事故的类型众多，但统计分析结果显示，建筑施工伤亡事故主要还是集中在高处坠落、触电、坍塌、物体打击和机具伤害五个方面。对最近几年发生的施工伤亡事故进行统计分析，结果显示：高处坠落占46%，触电占14%，坍塌占13%，物体打击占11%，机具伤害占6%，这五类施工伤亡事故占事故总数的90%。单独以某年为例，当年所发生的伤亡事故中，高处坠落占48%，触电占10%，坍塌占14%，物体打击占13%，机具伤害占6%，这五类施工伤亡事故占事故总数的91%，如图1—2所示。

3. 建筑施工不同场所死亡人数分析

最近几年在临边及洞口处作业发生的事故死亡人数占总数的17.17%；在各类脚手架上作业的事故死亡人数占总数的12.92%；土石方坍塌事故死亡人数占总数的10.96%；安装、拆除龙门架（井

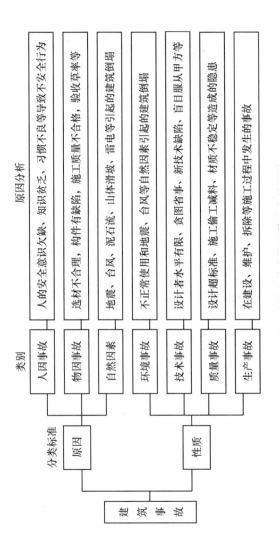

图 1—1　我国建筑事故分类及其发生的原因

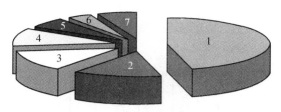

图1—2 建筑施工不同类型事故伤亡情况

1—高处坠落 2—触电 3—坍塌 4—物体打击

5—机具伤害 6—起重伤害 7—其他伤害

字架）物料提升机的事故死亡人数占总数的 9.75%；安装、拆除塔吊的事故死亡人数占总数的 6.95%；用电线路（包括现场临时用电线路和外电线路）事故死亡人数占总数的 6.69%；施工机具造成的伤亡事故死亡人数占总数的 6.62%；因模板支撑失稳倒塌事故死亡人数占总数的 5.54%。不同场所死亡人数比例如图1—3所示。

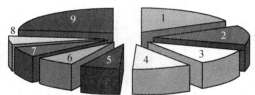

图1—3 不同场所死亡人数比例

1—临边及洞口 2—脚手架 3—土石方 4—井字架与龙门架

5—塔吊 6—用电线路 7—施工机具 8—模板 9—其他

二、建筑业安全生产事故预防

1. 建筑事故的预防方法

由图1—1分析可知，导致建筑施工事故发生的宏观因素包括人因、物因、自然因素三个方面。

（1）人因事故

人因事故完全是由人的因素造成的，可通过监督管理人的知识、态度、习惯、技能等改善人的行为，防止这类事故的发生。

（2）物因事故

物因事故是由选材不合理、构配件有缺陷、施工质量不合格、验收草率等引起的。只要按标准严格控制选材、制作构配件、严密组织施工、严格验收，实行工作票制和系统预控自控、自锁自愈等方法，物因事故也是可以防止的。

（3）自然因素

通过地震、台风、泥石流、山体滑坡、雷电等引起的建筑倒塌、局部破坏等造成人员伤亡和财产损失，而建筑物本身的抗灾能力直接表现为面对灾害的结果不同：有的岿然不动、有的房倒屋塌损失惨重。原因是选址不合理、设防标准太低、设防措施不达标、施工不合格及不达标验收、不正常使用等。

自然因素通过物的缺陷——抗灾能力不足引起房倒屋塌等事故，而物缺陷是由人失误引起的，可见自然因素引发的事故可以通过控制人的失误而避免。人类大规模的活动造成环境灾难，如酸雨不仅损害庄稼，也造成建筑物的承载力减弱。建造具有足够抗灾能力的建筑物，可预防环境原因造成的事故。

人因、物因、自然因素形成事故路线图如图1—4所示。

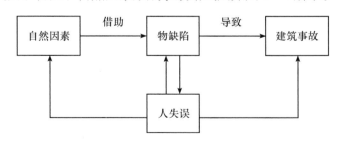

图1—4　人因、物因、自然因素造成事故示意图

由此可知，一切建筑事故的发生都与人的失误有关，可以通过减少、消除人的失误而避免建筑事故。天灾通过破坏劣质建筑物达

到破坏人类正常生活、工作的结果，图 1—5 是预防建筑事故、减少事故损失的原因控制方法。

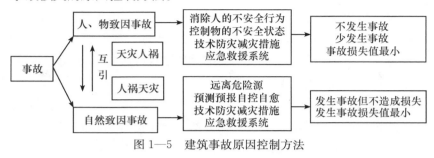

图 1—5　建筑事故原因控制方法

2. 建筑施工事故预防管理制度

重视和加强安全生产的制度建设、规范人的安全行为，是建筑企业有效地保障安全生产和遵守劳动保护法的重要内容，也是企业维护职工生命安全、保障其合法利益、承担社会责任的具体体现。

安全生产管理制度是建筑施工企业为了保护劳动者在生产过程中的安全、健康，根据生产实践的客观规律总结和制定的各种规章和制度。概括地讲，这些规章制度一方面是属于生产行政管理制度，另一方面是属于生产技术管理制度。这两类规章制度经常是密切联系、互相补充的。《劳动法》第五十二条规定："用人单位必须建立、健全劳动安全卫生制度。"《建筑法》第四十四条规定："建筑施工企业必须依法加强对建筑安全生产的管理，执行安全生产责任制度，采取有效措施，防止伤亡和其他安全生产事故的发生。"《安全生产法》第四条规定："生产经营单位必须遵守本法和其他有关安全生产的法律、法规，加强安全生产管理，建立、健全安全生产责任制和安全生产规章制度，改善安全生产条件，推进安全生产标准化建设，提高安全生产水平，确保安全生产。"此外，《乡镇企业法》《劳动法》《安全生产许可证条例》等多部法律法规中，都对不断完善劳动保护管理制度提出了要求。因此，从规范人的行为角度出发来控制施工企业生产安全事故，建立完善的安全生产管理制度是必要的前提条件。

（1）安全生产责任制度

企业安全生产责任制是企业岗位责任制的一个组成部分。它根据"管生产必须管安全"的原则，综合建筑施工过程的各种安全生产管理、安全操作制度，对企业各级领导、各职能部门、有关工程技术人员和生产工人在生产中应负的安全责任做出明确的规定。

安全生产责任制也是企业中最基本的一项安全制度，是所有劳动保护规章制度的核心。有了这项制度，就能把安全生产从组织领导上统一起来，把"管生产必须管安全"的原则从制度上固定下来。这样，劳动保护工作才能做到事事有人管、层层有专责，使领导干部和广大职工分工协作，共同努力，认真负责地做好劳动保护工作，保证安全生产。安全生产责任制是其他各项安全生产规章制度得到实施的基本保证。

安全生产责任制与奖惩制度的结合，也是加强安全生产规章制度教育的一个重要手段，对提高干部职工执行安全生产规章制度的作用是很大的。同时，有了安全生产责任制，在出了工伤事故以后，就能比较清楚地分析事故，弄清从管理到操作各方面的责任，对吸取教训、搞好整改、避免事故重复发生来说，是一项制度保证。

（2）安全检查制度内容与要求

企业安全检查是消除不安全、不卫生隐患，防止事故发生、改善劳动条件的重要手段，是企业安全管理工作的一项重要内容。通过安全检查可以发现企业及生产过程的危险因素，以便有计划地采取措施，保证安全生产。企业安全生产检查应实行安全检查表制度，这是多年来行之有效的实践经验。企业根据有关规定及事故教训，针对具体情况，将可能存在的问题一一列出，制成表格，这就是安全检查表。安全检查表有时是可能出现的隐患清单，有时是检查企业的备忘录。制定安全检查表有利于避免安全检查流于形式。如果配上隐患追踪卡一类的附件，有填写、处理、报修、备案、反馈、

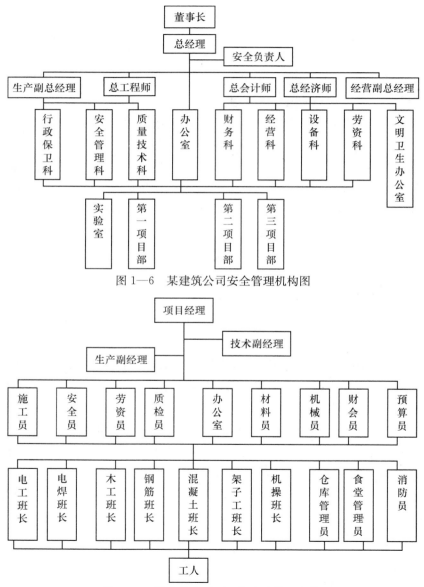

图 1—6　某建筑公司安全管理机构图

图 1—7　某建筑公司项目部安全管理机构

销卡等环节，就形成了安全检查表制度。执行这一制度，有利于明确隐患的消除在哪一环节上受阻。如果发生事故，受阻的环节就要承担责任。因此，这个制度对消除隐患很有利。

企业安全生产检查的内容主要包括：查思想、查制度、查管理、查隐患、查安全设施等方面。安全检查活动包括：①人因安全性检查。②物态安全性检查。③四查工程，岗位一天一查，班组车间一周一查，厂级一月一查，公司一季一查，达到以下目的：岗位设施安全运行，工人安全操作；班组安全作业，安全生产；车间环境安全，规范文明生产；工厂责任落实到位，安全管理规范化。④八查八提高活动，一查领导思想，提高企业领导的安全意识；二查规章，提高职工守纪、克服"三违"的自觉性；三查现场隐患，提高设备设施的本身安全程度；四查易燃易爆危险点，提高危险作业的安全保障水平；五查危险品保管，提高防盗防爆的保障措施；六查防火管理，提高全员消防意识和防火技能；七查事故处理，提高防范类似事故的能力；八查安全生产宣传教育和培训工作是否经常化和制度化，提高全员安全意识和自我保护意识。

1）安全检查手段

①采取月检查与不定期巡回检查及专业性检查相结合的手段，进行全面的安全检查，检查施工现场的违规现象和不安全因素，检查施工管理人员及特种作业人员的安全施工方案及分项安全技术交底，班组班前安全技术交底和自查自纠，定期检查整改记录，职工安全教育活动记录等，促使安全检查管理形成一条龙的保证措施。

②采取自检与巡回检查相结合的方法，对定期与不定期安全检查下达的隐患整改通知单进行跟踪整改，并重点抓施工队、班组车间安全管理、文明施工及安全生产。检查各项目管理制度的执行落实情况，特别是抓好施工方案及安全措施是否全面、具体、有针对性，各工种安全技术交底是否具体得当。安全防护措施针对性要强，职工安全教育活动要认真坚持，不能流于形式，以达到教育职工、

提高自我防护意识的目的。在抓安全管理的同时，重点抓好班前安全技术交底、班中安全检查及整改，做到不安全不施工。要做好各项安全防护设施的检查验收，确保合格方可使用。

③在检查中，检查组的成员应做到分工明确，对检查出的施工隐患应及时认真落实整改，除公司下达的隐患通知单外，施工队、班组车间应进行自检互检。检查交底是否按施工方案的要求制定安全技术措施，检查是否按照安全施工方案的要求制定针对施工单位的切实可行的安全技术交底，检查在操作中是否按照工程安全技术交底进行作业，同时检查施工队、班组车间的安全技术交底、班中自查整改记录，从而达到层层制定责任，处处有指标，逐级强化安全意识，提高管理水平。

④施工队、班组车间应坚持班中检查，主要查作业点存在的不安全因素，对存在的事故隐患，要按照"三定"方针彻底整改，确保操作人员的人身安全和健康，实现安全生产。

2）安全检查模式

①日常检查。通过生产现场的安全检查，对违章者根据其行为的不同，有针对性地进行安全教育和培训，提高其安全生产意识。安全生产主管部门、人力资源部具体负责。

②物态安全性检查。对生产设备、工具、附具、工装、物料等进行安全性检查。通过安全检查，消除物的不安全状态。技术部门、设备部门、安全生产管理部门共同负责。

③安全管理效能监察和检查。对企业各级安全管理机构、人员、职能、制度、经费等安全管理的效能进行全面检查和监察。企业法人代表、安全生产领导小组成员、安全生产主管部门具体负责。

④安全生产责任制。落实安全生产岗位责任制、领导负责制。层层签订《年度安全生产经济责任书》。用安全生产法规和安全生产经济责任书，约束人的不安全行为。企业法人代表、安全生产主管部门具体负责。

3）安全检查方式

①定期安全生产检查。企业必须建立定期分级安全生产检查制度，每季度组织一次全面的安全生产检查，分公司、工程处、工区、施工队每月组织一次安全生产检查；项目经理部每旬组织一次安全生产检查。对施工规模较大的工地可以每月组织一次安全生产检查。每次安全生产检查应由单位主管生产的领导或技术负责人带队，相关的安全、劳资、保卫等部门联合组织检查。

②经常性安全生产检查。经常性的检查包括公司组织的、项目经理部组织的安全生产检查，项目安全员和安全值日人员对工地进行巡回安全生产检查及班组进行班前班后安全检查等。

③专业性安全生产检查。专业性安全生产检查内容包括对物料提升机、脚手架、施工用电、塔吊、压力容器等的安全生产问题和普遍性安全问题进行单项专业检查。这类检查专业性强，也可以结合单项评比进行，参加专业安全生产检查组的人员应有技术负责人、专业技术人员、专项作业负责人参加。

④季节性安全生产检查。季节性安全生产检查是针对施工所在地气候的特点可能给施工带来危害而组织的安全生产检查。

⑤节假日前后安全生产检查。节假日前后安全生产检查是针对节假日前后职工思想松懈而进行的安全生产检查。

⑥自检、互检和交接检查。

自检：班组作业前、后对自身所处的环境和工作程序要进行安全生产检查，可随时消除安全隐患。

互检：班组之间开展的安全生产检查。可以做到互相监督、共同遵章守纪。

交接检查：上道工序完毕，交给下道工序前，应由工地负责人组织工长、安全员、班组长及其他有关人员参加，进行安全生产检查和验收，确认无安全隐患，达到合格要求后，方能交给下道工序使用或操作。

（3）安全生产教育管理制度

由于建筑企业生产领域属于高危行业，以及由生产带来的作业环境局限性、作业条件恶劣性、施工作业高空性、安全管理难度性、个体劳动保护艰巨性、产品多样性、施工工艺多变性、多工种立体交叉性及拆除工程潜在危险带来作业的不安全性等不安全特征，因此，在建筑企业内建立一套完善的教育培训体系，从而对建筑企业领导人员及一线操作人员均要进行科学的、系统的教育培训是提高从业者安全意识、降低事故发生的必要条件。

不同的工作岗位和不同的机械设备具有不同的安全技术特性和要求，所以要求企业要按规定对作业人员进行培训，使作业人员能够掌握专业知识和安全操作规程。《建筑业企业职工安全培训教育暂行规定》中要求：施工企业新进场的工人，必须接受公司、项目、班组的三级安全培训教育，经考核合格后方可上岗。公司级培训教育的时间不得少于 15 学时；项目部培训教育的时间不得少于 15 学时；班组培训教育的时间不得少于 20 学时。企业待岗、转岗、换岗的职工，在重新上岗前必须接受一次安全培训，时间不得少于 20 学时；企业其他职工每年接受安全培训的时间不得少于 15 学时。

1）安全培训的主要内容包括：

①国家和地方有关安全生产的方针、政策、法规、标准、规范、规程，企业的安全规章制度等。

②专业技术、业务知识的教育培训。

③文化素质的教育培训。

④安全操作规程及岗位培训教育。

⑤事故案例和警示教育。

⑥项目危险源的识别与分阶段专项安全教育。

2）教育内容及形式

①三级教育内容

a. 公司级教育内容。各级政府部门颁布的安全生产法律、法规；

事故发生的一般规律及典型事故案例；预防事故的基本知识，急救措施。

b. 工程项目（施工队）级教育内容。各级管理部门有关安全生产的标准；施工基本情况和必须遵守的安全事项；施工用化工产品的用途，防毒知识，防火及防煤气中毒知识。

c. 班组级教育内容。本班组生产工作概况、工作性质及范围；新工人个人从事生产工作的性质，必要的安全知识，各种机具设备及其安全防护设施的性能和作用；本工种的安全操作规程；本工程容易发生事故的部位及劳动防护用品的使用要求；工程项目中工人的安全生产责任制。

②转场安全教育。施工人员转入另一个工程项目时必须进行转场安全教育。转场教育内容包括：本工程项目安全生产状况及施工条件；施工现场中危险部位的防护措施及典型事故案例；本工程项目的安全管理体系、规定及制度。

③变换工种安全教育。凡改变工种或调换工作岗位的工人必须进行变换工种安全教育。变换工种安全教育时间不得少于 4 小时，教育考核合格后方准上岗。教育内容包括：

a. 新工作岗位或生产班组安全生产概况、工作性质和职责。

b. 新工作岗位必要的安全知识，各种机具设备及安全防护设施的性能和作用。

c. 新工作岗位、新工种的安全技术操作规程。

d. 新工作岗位容易发生事故及有毒有害的地方。

e. 新工作岗位个人防护用品的使用和保管。

④特种作业安全教育。电工、焊工、架工、司炉工、爆破工、机操工及起重工、打桩机和各种机动车辆司机等特殊工种工人，除进行一般安全教育外，还要经过本工种的安全技术教育，经考试合格发证后，方准独立操作，每年还要进行一次复审。对从事有尘毒危害作业的工作，要进行尘毒危害和防治知识教育。

⑤外施队安全生产教育。各用工单位使用的外施队，必须接受三级安全教育，经考试合格后方可上岗作业，未经安全教育或考试不合格者，严禁上岗作业。

外施队上岗作业前的三级安全教育，分别由用工单位（公司、厂或分公司）、项目经理部（现场）、班组（外施队）负责组织实施，总时间不得少于 24 学时。

外施队上岗前须由用工单位劳务部门负责将外施队人员名单提供给安全部门，由用工单位（公司、厂或分公司）安全部门负责组织安全生产教育，授课时间不得少于 8 学时。具体内容是：安全生产的方针、政策和法规制度；安全生产的重要意义和必要性；建筑安装工程施工中安全生产的特点；建筑施工中因工伤亡事故的典型案例和控制事故发生的措施。

外施队进场后，必须由项目经理部（现场）负责劳务的人员组织并及时将注册名单提交给现场安全管理人员，由安全管理人员负责对外施队进行安全生产教育，时间不得少于 8 学时。具体内容是：介绍项目工程施工现场的概况；讲解项目工程施工现场安全生产和文明施工的制度、规定；讲解建筑施工中高处坠落、触电、物体打击、机械（起重）伤害、坍塌五大伤害事故的控制预防措施；讲解建筑施工中常用的有毒有害化学材料的用途和预防中毒的知识。

外施队上岗作业前，必须由外施队长（或班组长）负责组织学习本工种的安全操作和一般安全生产知识。

对外施队进行三级安全教育时，必须分级进行考试。考试不合格者，允许补考一次，仍不合格者，必须清退，严禁使用。

外施队中的特种作业人员，如电工、起重工（塔式起重机、外用电梯、龙门吊桥吊、履带吊、汽车吊、卷扬机司机和信号指挥）、锅炉压力容器工、电焊工、气焊工、场内机动车司机、架子工等，必须持有原所在地地（市）级以上劳动保护监察机关核发的特种作业证，并换领所在市临时特种作业操作证，方准从事特种作业。

换岗作业必须进行安全生产教育，凡采用新技术、新工艺、新材料和从事非本工种的操作岗位作业前，必须认真面对面地进行详细的新岗位安全技术教育。

在向外施队（班组）下达生产任务的时候，必须向全体作业人员进行详细的书面安全技术交底并讲解，凡没有安全技术交底或未向全体作业人员进行讲解的，外施队（班组）有权拒绝接受任务。

每日上班前，外施队（班组）负责人，必须召集所管辖全体人员，针对当天任务，结合安全技术交底内容和作业环境、设施、设备状况及本队人员技术素质、安全意识、自我保护意识以及思想状态，有针对性地进行班前安全活动，提出具体注意事项，跟踪落实，并做好活动记录。

（4）劳动防护用品发放管理制度

《劳动法》第五十四条规定，用人单位必须为劳动者提供必要的劳动防护用品。劳动防护用品是为免遭或减轻事故伤害和职业危害的个人随身穿（配）戴的用品，是保护劳动者安全健康的一项预防性辅助措施，是安全生产、防止职业性伤害的需要，对于减少职业危害起着相当重要的作用。按照不同工种、不同劳动条件，建立相应的发放制度，同时对使用情况进行监督检查。

个人防护用品是保护劳动者在生产劳动过程中安全与健康所必需的一种预防性装备。要做到安全可靠，并要穿戴舒适方便，经济耐用，不影响工作效率。根据不同的作业条件与环境，不同的职业危害因素，不同的危害程度，正确合理地选择和使用劳动防护用品。

按照国家劳动部有关规定，劳动防护用品主要分为七大类：头防护类，呼吸器官防护类，眼、面防护类，听觉器官防护类，防护服装类，手足防护类，防坠落类。

在建筑施工一线工作的工人，在受到危害健康的气体、蒸气或粉尘的威胁的同时，也面临着高空坠落、物体打击等严重的风险隐患。因此，建筑企业必须制定相应的劳动保护用品发放和管理制度，为一线工人供给适用的口罩、防护眼镜和安全帽、安全带等必要的装置。同时配套以完善的教育培训制度，保证其能够在实际应用中正确使用，最大限度地发挥劳动保护用品的功效。

（5）消防安全管理制度

《建筑法》第三十九条规定，建筑施工企业应当在施工现场采取维护安全、防范危险、预防火灾等措施。《消防法》规定，机关团体企业事业单位应当履行的消防安全职责为：制定消防安全制度、消防安全操作规程；实行防火安全责任制，确定本单位和所属各部门岗位的消防安全责任人；针对本单位的特点对职工进行消防宣传教育；组织防火检查，及时消除火灾隐患；按照国家有关规定配置消防设施和器材，设置消防安全标志，并定期组织检验、维修，确定消防设施和器材完好有效；保障疏散通道安全出口畅通，并设置符合国家规定的消防安全疏散标志。

建筑企业应当依照前面有关规定，履行消防安全职责，做好施工及生活区域的消防安全工作，同时要建立防火档案，确立消防安全重点部位，设置防火标志，实行严格管理；实行每日防火巡查，并建立巡查记录；对职工进行消防安全培训；制定灭火和应急疏散预案，定期组织消防演练。

（6）企业厂内交通运输安全管理制度

为避免车辆伤害事故发生，在建筑企业厂区范围内行驶、作业的机动车辆，车辆的装备、安全防护装置及其他应齐全有效。车辆的整车技术状况、污染物排放、噪声应符合有关标准和规定。企业应建立、健全厂内机动车辆安全管理规章制度。车辆应逐台建立安全技术管理档案。厂内机动车辆应在当地劳动行政部门办理登记，建立车辆档案，经劳动行政部门对车辆进行安全技术检验合格，核发牌照，并进行年度检验。

第二章
建筑企业应急救援体系与管理

第一节　应急救援体系概述

一、应急救援的意义和基本任务

建筑业作为高风险行业，研究并建立完善的应急体系更有其重要的意义。

事故应急救援是指在发生紧急事故时，为及时控制事故现场，抢救事故受害者，指导、组织现场人员疏散撤离，并消除或减轻事故后果而采取的一系列行动。因此，系统、有效的事故应急救援已构成安全生产工作的重要内容，对保障人民群众生命财产安全意义重大。

1. 应急救援工作的作用和意义

（1）实施事故应急救援，能有效阻止事故蔓延扩大，及时抢救受伤人员，从而减轻事故造成的各种损失。一旦发生事故，可根据预先制定的应急处理方法和措施，高效、迅速地做出应急反应，有针对性地采取救援措施，控制重大危险源，防止事故的进一步扩大，将尽可能缩小事故危害，减轻事故对人民群众生命和财产及生态环境造成的危害。

（2）实施事故应急救援，将增强生产经营单位的安全保障能力，提高各级政府预防和处置突发事件的能力。应急救援工作不仅是事故发生后的处理，还包括了事故的预测、预防和预警。因而，开展事故应急救援工作，能切实增强生产经营单位的安全保障能力。建立应急救援体系，提高预防和处置突发事件的能力，是全面履行政府职能，进一步提高行政能力的重要方面。

（3）实施事故应急救援是经济高速发展的必备条件，是构建社会主义和谐社会的重要内容。近年来，频繁发生的重特大事故，不仅给人民群众生命财产安全造成巨大损失，造成恶劣的社会影响和重大的经济损失，还严重威胁着政府管理能力以及整个社会的有序运作和发展。如果在事故发生后，能实施有效的应急救援，尽快控制事故扩展，将大幅度降低乃至消除事故可能产生的后果，减少发展成本，减轻社会压力，从而增强发展活力，加快经济与社会发展速度，形成良性循环。从这个意义上讲，建立有效的应急救援体系，实施事故应急救援是经济社会高速发展的必备条件，也是构建社会主义和谐社会的重要内容。

2. 事故应急救援的基本任务

（1）抢救受害人员

抢救受害人员是事故应急救援的首要任务。在应急救援行动中，及时、有序、有效地实施现场急救与安全转送伤员是降低伤亡率，减少事故损失的关键。

（2）控制危险源

及时控制造成事故的危险源是应急救援工作的重要任务。只有及时控制住危险源，防止事故的继续扩展，才能及时、有效地进行救援。

（3）指导群众防护，组织群众撤离

由于事故发生突然、扩散迅速、涉及范围广、危害大，应及时指导和组织群众采取各种措施进行自身防护，并向上风向迅速撤离出危险区或可能受到危害的区域。在撤离过程中，应积极组织群众开展自救和互救工作。

（4）做好现场清消，消除危害后果

对事故外逸的有毒有害物质或可能对人和环境继续造成危害的物质，应及时组织人员予以清除，消除危害后果，防止对人的危害和对环境的污染。

（5）查清事故原因，估算危害程度

事故发生后应及时调查事故的发生原因和事故性质，估算出事故的危害波及范围和危险程度，查明人员伤亡情况，做好事故调查。

二、安全生产及应急救援的法律法规要求

安全生产法律法规是指由国家权力机关、行政机关及有关行业协会等为规范生产经营单位的安全生产活动，保护从业人员的人身安全、生产单位的财产安全，针对生产、经营行为而制定的法律、法规、规则、标准等一系列规范的总称。近年来，我国高度重视突发事件应对的法制建设，加快了应急管理立法工作步伐，先后制定或者修订了防洪法、防震减灾法、安全生产法、消防法、传染病防治法、动物防疫法、道路交通安全法、治安管理处罚法等 40 余件法律；核电厂核事故应急管理条例、突发公共卫生事件应急条例、信访条例、粮食流通管理条例等 40 余件行政法规；铁路行车事故处理规则、民航总局重大飞行事故应急处理程序等 60 余件部门规章；一些地方政府及其部门也结合实际，制定了相关地方法规和规章，为预防和处置相关突发公共事件提供了法律依据和法制保障。

有关安全生产应急救援及其管理相关的法律法规主要有：2007 年 8 月 30 日，《中华人民共和国突发公共事件应对法》由中华人民共和国第十届全国人民代表大会常务委员会第二十九次会议通过，自 2007 年 11 月 1 日起施行；2006 年 7 月 6 日，国务院下发了《关于全面加强应急管理工作的意见》；2007 年 7 月 31 日，国务院办公厅下发了《关于加强基层应急管理工作的意见》；2010 年 11 月 11 日，国务院安委会办公室下发了《进一步加强安全生产应急救援体

系建设的实施意见》；2006 年 9 月 20 日，《生产经营单位安全生产事故应急预案编制导则》（AQ/T 9002—2006）由国家安全生产监督管理总局发布；2013 年 10 月 1 日，国家标准《生产经营单位安全生产事故应急预案编制导则》（GB/T 29639—2013）正式实施。

　　这些法律法规对促进安全生产事故应急救援工作，对保护人民群众生命财产安全发挥着重要作用。

第二节　应急救援体系的建立

　　事故应急救援包括事故单位自救和对事故单位以及事故单位周围危害区域的社会救援。其中工程救援和医学救援是应急救援中最重要的两项基本救援任务。本书主要介绍工程救援的基本程序和内容。

一、应急救援体系的目的

　　事故应急救援工作是在预防为主的前提下，贯彻统一指挥、分级负责、区域为主、单位自救和社会救援相结合的原则。其中预防工作是事故应急救援工作的基础，除了平时做好事故的预防工作，避免或减少事故的发生，落实好救援工作的各项准备措施，做到预有准备，一旦发生事故就能及时实施救援。重大事故所具有的发生突然、扩散迅速、危害范围广的特点，也决定了救援行动必须迅速、准确和有效。因此，救援工作只能实行统一指挥下的分级负责制，以区域为主，根据事故的发展情况，采取单位自救和社会救援相结合的形式，充分发挥事故单位及地区的优势和作用。

　　事故应急救援又是一项涉及面广、专业性强的工作，靠某一个部门是很难完成的，必须把各个方面的力量组织起来，形成统一的救援指挥部，在指挥部的统一指挥下，安全、救护、公安、消防、环保、卫生、质检等部门密切配合，协同作战，迅速、有效地组织和实施应急救援，尽可能地避免和减少损失。

应急救援体系总的目标是：控制事态发展，保障生命财产安全，恢复正常状况，这三个总体目标也可以用减灾、防灾、救灾和灾后恢复来表示。由于建筑施工现场事故灾难情况复杂，突发性强，应急救援活动又涉及从高层管理到基层人员各个层次，从公安、医疗到环保、交通等不同领域，这都给应急救援日常管理和应急救援指挥带来了许多困难。解决这些问题的唯一途径是建立科学、完善的应急救援体系和实施规范有序的标准化运作程序。

二、应急救援体系的主要内容

由于自然灾害或人为原因在建筑施工中是不可避免的，当事故或灾害不可避免地发生时，有效的应急救援行动是唯一可以抵御事故或灾害蔓延并减缓危害后果的有力措施。因此，如果在事故或灾害发生前建立完善的应急救援系统，制订周密救援计划，而在事故发生时采取及时有效的应急救援行动，以及事故后的系统恢复和善后处理，可以拯救生命、保护财产、保护环境。

应急救援系统应主要包括以下几个方面的内容：

（1）应急救援组织机构。

（2）应急救援预案（或计划）。

（3）应急培训和演习。

（4）应急救援行动。

（5）现场清除与净化。

（6）系统的恢复和善后处理。

1. 应急救援体系的组织机构

应急救援体系的组成结构包括如图 2—1 所示五个方面的运作机构：

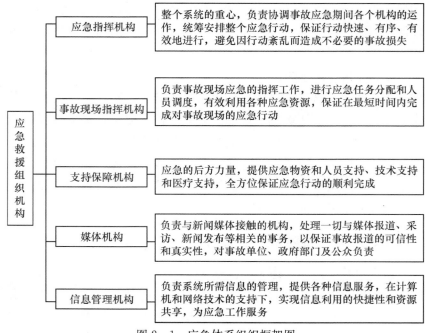

图 2—1 应急体系组织框架图

（1）应急指挥机构。协调应急组织各个机构的运作和关系，主持日常工作，维持应急救援系统的日常运作。

（2）事故现场指挥机构。负责事故现场应急的指挥工作、人员调度、资源的有效利用。

（3）支持保障机构。提供应急物质资源和人员支持的后方保障。

（4）媒体机构。处理媒体报道、采访、新闻发布。

（5）信息管理机构。信息管理、信息服务。

各机构要不断调整运行状态，协调关系，形成一个有机的整体，使系统快速、有序、高效地开展现场应急救援行动。

2. 应急救援预案

为保证应急救援系统的正常运行，必须事先制订一个应急救援计划，用计划指导应急准备、训练和演习，乃至迅速高效的应急行动。先建立制订计划的组织，然后再制订应急计划。

应急行动的内容包括：

（1）对可能发生的事故灾害进行预测和评价。

（2）人力、物质等资源的确定与准备。

（3）明确应急组织成员的职责。

（4）设计行动战术和程序。

（5）制订训练和演习计划。

（6）制订专项应急计划。

（7）制定事故后清除和恢复程序。

3. 应急训练和演习

训练和演习可以看作制订计划的一部分或延续，它是通过培训，把应急计划加以验证和完善，确保事故发生时应急计划得以实施和贯彻。

（1）测试计划和程序的充分程度。

（2）测试应急装置、设备及物质资源供应。

（3）提高现场内、外的应急部门的协调。

（4）判别和改正计划的缺陷。

（5）关注和提高公众意识。

4. 应急救援行动

由于发生建筑物坍塌、自然或人为原因造成的火灾、爆炸或有毒物质泄漏等紧急情况时，所采取的营救与疏散、减缓与控制、清除与净化等一系列的行动都是应急救援行动。

（1）应急行动需要资源的支持和保障：

1）人力资源。

2）物质与设备。

3）个人防护装备。

（2）首要的应急行动是确定现场对策，即应急行动方案：

1）现场初始评估。

2）危险物质的探察。

3）建立现场工作区域。

4）确定重点保护区域。

5）行动的优先原则。

6）增援梯队。

5. 现场清除与净化

对现场中受到暴露污染的雇员和应急队员必须进行清洁净化，例如对化学品及放射性物质污染的清洁净化。净化的方法主要是稀释、处理、物理去除、中和、吸附和隔离。

此外，还要考虑伤害和医疗前的净化、分类及处理。

设备的清除也是应急行动的一个环节，一般是在事故发生后被污染的仪器和设备要进行清除、清理。

6. 系统恢复与善后处理

在应急阶段结束后必须对系统进行恢复，而且尽快恢复是最重要的。恢复活动主要是：

（1）现场警戒和安全。

（2）清除。

（3）对从业人员提供的帮助。

（4）对破坏损失的评估。

（5）保险的索赔。

（6）事故调查、数据的记录和搜集。

（7）重建。

三、应急救援系统的运作

应急救援系统内各个机构的协调努力是圆满处理各种事故的基本条件。当发生事故时，由信息管理机构首先接受报警信息，并立刻通知应急指挥机构和事故现场指挥机构在最短时间内赶赴事故现场，投入应急工作并对现场实施必要的交通管制。如有必要，应急指挥机构进而通知媒体和支持保障单位进入工作状态，并协调各机构的运作，保证整个应急行动能有序高效地进行。同时，事故指挥机构在现场开展应急的指挥工作，并保持与应急指挥机构的联系，从支持保障机构调用应急所需人员和物质支持投入事故的现场应急。同时，信息管理机构为其他各单位提供信息服务。这种应急救援运作能使各机构明确自己的职责，管理统一，从而满足事故应急救援快速、有效的需要。

应急救援系统为顺利完成救援任务，首先应明确系统的结构体制，如图 2—2 所示。

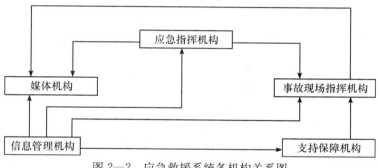

图 2—2　应急救援系统各机构关系图

根据各个机构在应急救援系统中的职责和功能，当事故发生时，系统进入有效的整体运作状态，完成整个应急救援任务，达到减轻事故后果的目的。

上述应急救援系统是以模块化设计为主进行的，通过对系统内五个机构的设计和建立，以实现机构的快速反应、整体行动、信息共享，尽可能提高应急救援的速度，缩短救援作业的时间，降低事故灾害后果。该系统能够在应急救援行动中动态调整应急救援行动，最大可能地完成最优化的应急救援。在该系统的建设中，应尽可能注意各机构的优势和能力的协调，强调一体化管理，步调要一致，行动要迅速，配备训练有素的救援人员和必要的设备等，从而保证应急救援系统的有效运转。

四、应急体系构成

一个完整的应急体系应由组织体系、运作机制、法制基础和应急保障系统四部分构成，如图 2—3 所示。

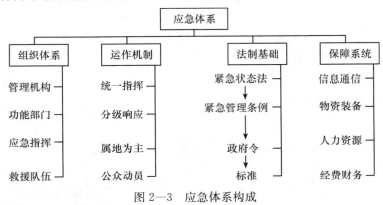

图 2—3　应急体系构成

应急组织体系中的管理机构是指维持应急日常管理的负责部门；功能部门包括与应急活动有关的各类组织机构，如公安、医疗等单位；应急指挥包括应急预案启动后，负责应急救援活动场外与场内的指挥系统；而救援队伍则由专业和志愿人员组成。

应急救援活动一般划分为应急准备、初级反应、扩大应急和应急恢复四个阶段，应急机制与这些应急活动都密切相关。应急运作机制主要由统一指挥、分级响应、属地为主和公众动员这四个基本机制组成。统一指挥是应急活动的最基本原则。应急指挥一般可分为集中指挥与现场指挥，或场外指挥与场内指挥几种形式。无论采用哪一种指挥系统都必须实行统一指挥的模式，无论应急救援活动涉及单位的行政级别高低和隶属关系如何，都必须在应急指挥部的统一组织协调下行动，有令则行，有禁则止，统一号令，步调一致。分级响应是指在初级响应到扩大应急的过程中实行分级响应的机制。扩大或提高应急级别的主要依据是事故灾难的危害程度、影响范围和控制事态的能力，而后者是"升级"的最基本条件。扩大应急救援主要是提高指挥级别，扩大应急范围等。属地为主是强调"第一反应"的思想及以现场应急和现场指挥为主的原则。公众动员机制是应急机制的基础，也是整个应急体系的基础，我国在这方面普遍差距较大。上述这些应急机制应充分地反映在应急预案当中。

法制建设是应急体系的基础和保障，也是开展各项应急活动的依据。与应急有关的法规可分为四个层次：一是由立法机关通过的法律，如紧急状态法、公民知情权法和紧急动员法等；二是由政府颁布的规章，如应急救援管理条例等；三是包括预案在内的以政府令形式颁布的政府法令、规定等；四是与应急救援活动直接有关的标准或管理办法。

列于应急保障系统第一位的是信息与通信系统，构筑集中管理的信息通信平台是应急体系最重要的基础建设，应急信息通信系统要保证所有预警、报警、警报、报告、指挥等活动的信息交流快速、顺畅、准确，以及信息资源共享。物资与装备不但要保证有足够的资源，而且还一定要实现快速、及时供应到位。人力资源保障包括专业队伍加强和志愿人员以及其他有关人员的培训教育。应急财务保障应建立专项应急科目，如应急基金等，以保障应急管理运行和应急反应中各项活动的开支。

第三节　建筑企业应急管理

一、应急管理基本概念

当前，随着城市规模越来越大，人口和财富密集程度越来越高，工业生产装置越来越复杂，现代化建设给建筑业带来前所未有的发展机遇的同时，也使其面临灾难风险并承受事故灾难的脆弱性。据国际劳工组织研究分析，到 2020 年，中国因工死亡人数将为世界发达国家的一倍。作为安全事故多发行业的建筑业，在今后几年，随着经济的快速发展，建设工程总量的增加，如何遏制重大事故的发生，从根本上扭转安全生产的严峻局面，还有许多工作要做，面临的挑战也是前所未有。因此，加强应急管理已成为建筑业风险控制不可缺少的一个关键环节和重要手段。

根据风险控制原理，风险大小是由事故发生的可能性及其后果严重程度决定的，一个事故发生的可能性越大，后果越严重，则该事故的风险就越大。因此，事故灾难风险控制的根本途径有两条：第一条就是通过事故预防，来防止事故的发生或降低事故发生的可能性，从而达到降低事故风险的目的。然而，由于受技术发展水平、人的不安全行为以及自然客观条件（乃至自然灾害）等因素影响，要将事故发生的可能性降至零，即做到绝对安全，是不现实的。事实上，无论事故发生的频率降至多低，事故发生的可能性依然存在，而且有些事故一旦发生，后果将是灾难性的，如法国戴高乐机场屋顶坍塌事故等。那么，如何控制这些概率虽小、后果却非常严重的重大事故风险呢？无疑，应急管理成为第二条重要的风险控制途径。

应急管理是指为了有效应对可能出现的重大事故或紧急情况，降低其可能造成的后果和影响，而进行的一系列有计划、有组织的管理，涵盖在事故发生前、中、后的各个过程。应急管理与事故预防是相辅相成的，事故预防以"不发生事故"为目标，应急管理则是以"发生事故后，如何降低损失"为己任，两者共同构成了风险控制的完整过程。因而，应急管理与事故预防一样，是风险控制的一个必不可少的关键环节，它可以有效地降低事故灾难所造成的影响和后果。建筑行业作为高危行业之一，加强应急管理，是当前一项紧迫的任务。应急管理具有显著的复杂性、长期性和艰巨性等特点，是一项长期而艰巨的工作。

二、应急管理过程

现代应急管理强调对潜在重大事故实施全过程的管理，即由预防、准备、响应和恢复四个阶段构成，使应急管理工作贯穿于事故发生前、中、后的各个过程，并充分体现"预防为主、常备不懈"的应急理念。

一般而言，应急管理的四个阶段并没有严格的界限，且往往是交叉的，但每一阶段都有自己明确的目标，而且每一阶段又是构筑在前一阶段的基础之上，因而预防、准备、响应和恢复相互关联，构成了重大事故应急管理工作一个动态的循环改进过程，如图 2—4 所示。事故应急管理四个阶段的内容与应对措施见表 2—1。

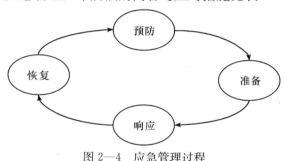

图 2—4　应急管理过程

表 2—1　　　　**事故应急管理四个阶段的内容与应对措施**

阶段	内容与应对措施
预　防 为预防、控制和消除事故对生命、财产和环境的危害所采取的行为	安全法律、法规 灾害保险 安全信息系统 安全规划 风险分析、评价 土地勘测 建筑物安全标准、规章 安全监测监控 公共应急教育 安全研究 税务鼓励和强制性措施

续表

阶段	内容与应对措施
准　备 事故发生之前采取的行动。目的是应对事故发生而提高应急行动能力及推进有效的响应工作	国家政策 应急预案（计划） 应急通告与报警系统 应急医疗系统 应急救援中心 应急公共咨询材料 应急资源 互助救援协议 特殊保护计划 实施应急救援预案
响　应 事故发生前及发生期间和发生后立即采取的行动。目的是保护生命，使财产损失、环境破坏减小到最低程度，并有利于恢复	启动应急通告报警系统 启动应急救援中心 提供应急医疗援助 报告有关政府机构 对公众进行应急事务说明 疏散和避难 搜寻和营救
恢　复 使生产、生活恢复到正常状态或得到进一步的改善	清理废墟 损失评估 消毒、去污 保险赔付 贷款和核批 失业评估 应急预案的复查 灾后重建

1. 预防

在应急管理中，预防有两层含义：一是事故的预防工作，即通过安全管理和安全技术等手段，尽可能地防止事故的发生，实现本质安全；二是在假定事故必然发生的前提下，预先采取一定的预防措施，降低或减缓事故的影响或后果的严重程度，如加大建筑物的安全距离、工厂选址的安全规划、减少危险物品的存量、设置防护墙以及开展员工和公众应急自救知识教育等。从长远看，低成本、高效率的预防措施是减少事故损失的关键。由于应急管理的对象是重大事故或紧急情况，其前提是假定重大事故发生是不可避免的，因此，应急管理中的预防更侧重于第二层含义。

2. 准备

应急准备是应急管理过程中一个极其关键的过程。它是针对可能发生的事故，为迅速有效地开展应急行动而预先所做的各种准备，包括应急体系的建立、有关部门和人员职责的落实、预案的编制、应急队伍的建设、应急设备（施）与物资的准备和维护、预案的演习、与外部应急力量的衔接等。其目标是保证重大事故应急救援所需的应急能力。

3. 响应

应急响应是在事故发生后立即采取的应急与救援行动，包括事故的报警与通报、人员的紧急疏散、急救与医疗、消防和工程抢险措施、信息收集与应急决策和外部求援等。其目标是尽可能地抢救受害人员，保护可能受威胁的人群，尽可能控制并消除事故。

4. 恢复

恢复工作应在事故发生后立即进行。它首先使事故影响区域恢复到相对安全的基本状态，然后逐步恢复到正常状态。要求立即进行的恢复工作包括事故损失评估、原因调查、清理废墟等。在短期恢复工作中，应注意避免出现新的紧急情况。长期恢复工作包括厂区重建和受影响区域的重新规划和发展。在长期恢复工作中，应汲取事故和应急救援的经验教训，开展进一步的预防工作和减灾行动。

三、应急管理系统的建设

1. 应急管理系统的组成

前面对建筑企业应急管理过程进行了分析，在此基础上应建立起合适某个企业的应急管理系统，包括预警系统、识别系统、实施系统以及评估系统。

建立应急预警系统，就是对潜在的突发事件进行监测、预测和预控，争取避免突发事件的发生。当面临无明显预兆的突发事件（如自然灾害等）以及预控失败无法避免的企业突发事件时，要启动突发事件识别系统，分析突发事件的类型和级别，调动企业系统资源，拟定突发事件处理方案，并对方案的可实施性进行评估，选定实施方案，拟定突发事件处理计划、突发事件沟通计划。在实施过程中，要按照实施系统标准和要求，根据新的情况不断地修订计划，从而灵活应对。

2. 应急管理系统的建立及措施

该系统在运作过程中首先要建立应急预警系统，即预防和消除危机源。危机源是指有可能导致突发事件最终出现的事件。它有可能是人为的，也有可能不是人为的。比如回填土有机质含量过高，某批材料未按时到货，脚手架存在质量问题或搭设不符合要求，突然性自然灾害等都可能导致企业生产目标的实现产生困难，因此都属于危机源。应急预防必须从这一阶段就开始，应该加强对人为危机源的防止、发现和处理，加强对各种非人为危机源（自然灾害）的预测。

3. 应急管理组织对策

在系统资源中，应急管理组织是重要的人力资源，因而应急管理组织平时要进行应急模拟训练，并加强培训员工的应急意识，学会识别项目潜在突发事件。处理突发事件的关键在于首先尽量控制突发事件，应急管理组织应及时启动应变方案。应变方案是平时根据可能出现的突发事件而制定的方案，如发生爆炸等事故后人员如何撤离，资金周转困难后通过什么渠道可以解决，如何应付新闻媒体等。

4. 应急管理组织行动的沟通任务

组织行动的首要任务是要明确沟通对象，主要包括：被突发事件所影响的群体和组织、影响项目实施的单位、被卷入到突发事件里的群众或组织、必须被告知的群众和组织等。企业应急管理必须重视沟通渠道的建设，有效的信息沟通渠道包括确定沟通媒介和沟通主体以及保证沟通渠道的连续性和畅通性。应急管理组织平时就要加强与各部门之间的沟通，指定各部门的沟通负责人，以确保突发事件信息能够快速到达相关部门，从而避免突发事件的发生。企业面临突发事件时，要迅速启动应急沟通计划，明确传播所需要的媒介，明确媒介传播的对象，要抢占信息源，避免错误信息的发布，同时及时更正媒介传播中与事实不符的信息。突发事件过后，要与广大公众全面沟通，针对企业形象的受损程度开展相应的公关活动，最大限度地减少危机对企业声誉的破坏，恢复正常状态的公关活动。另外，企业平时应注意累积项目沟通资源，与公众和媒体建立良好的关系，要参加一些资助公益事业的活动，积极建构公益形象，在客户和社会大众以及政府中树立正面的形象，以便在某个项目发生突发事件时取得公众的同情和支持，在应急事件的处理中占据有利地位。

5. 树立企业全员危机意识

该系统高效运作的前提是要求企业树立全员危机意识，实现全员高度自治。通过树立全员危机意识，可以让每一位员工都参与到企业应急管理过程中，加强员工的主动性。这种危机意识在员工心中形成一种定式，就能构成一种响应机制，一旦企业发现应急信号，就能快速反应。

第四节 建筑企业灾害预警管理

预警是指在缺乏确定的因果关系和缺乏充分的剂量——反应关系证据的情况下，促进调整预防行为或者在环境威胁发生之前即采取措施的一种方法。它包括预警分析和预警对策。

一、建筑企业灾害预警管理

建筑灾害预警管理活动包括预警分析与预警对策两大模块的内容。根据预警管理系统的构建思想与目标，构建了建筑企业灾害预警管理系统，如图2—5所示。

二、预警分析的内容

预警分析是对建筑业各类灾害事故，包括人身伤亡事故、设备损坏事故等进行识别分析与评价，由此做出警示，并对建筑在灾害现象的早期征兆进行及时矫正与控制的管理活动。建筑企业预警分析包括四个活动阶段：监测、识别、诊断与评价。监测是预警活动的前提，灾害状态识别活动对整个预警系统活动是至关重要的，诊断活动是提供预警识别判别依据的过程，灾害状况评价活动的结论是建筑企业采用"预警对策"系统开展活动的前提。

1. 监测

监测是预警活动的前提，它是以建筑活动中的重要环节为对象，即最可能出现事故灾害或对建筑安全具有举足轻重作用的活动环节与领域。监测的任务有两个：一是过程监视，即对被确定对象的活动过程进行全程监视，对监测对象同建筑业其他活动环节的关系状态进行监视；二是对大量的监测信息进行处理，建立信息档案，进

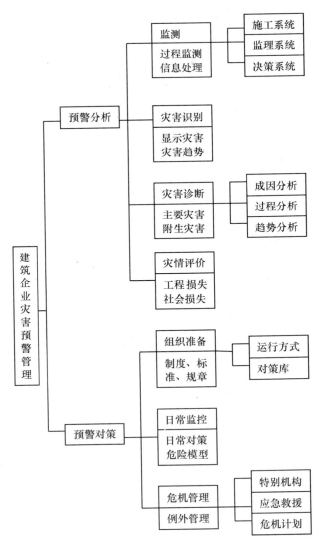

图 2—5 建筑企业灾害预警管理系统

行历史的和技术的比较。监测的手段是应用科学监测指标体系并实现程序化、标准化和数据化。监测活动的主要对象是建筑业的设计、施工、监理和决策等管理环节。

2. 识别

通过对监测信息的分析，可确立建筑活动中已发生的灾害现象和将要发生的灾害状态活动趋势。识别的主要任务是应用"适宜"的识别指标，判断哪个环节已经发生或即将发生灾害现象。所谓"适宜"是针对本建筑活动灾情的基本情况和灾害发展趋势而言的，它既不是简单的已经发生灾害的历史纵向比较，也不是简单的同其他建筑活动发生灾害情况进行的社会横向比较，而是在横向、纵向比较的双重评价之下，针对建筑业在特定条件下应该实现的灾害控制绩效，结合建筑活动外部环境的安全状态，来综合判定建筑活动是否或即将发生灾害现象。

3. 诊断

诊断是对已经识别的各种灾害现象，进行成因过程分析和发展趋势的预测，以明确哪些灾害现象是主要的，哪些灾害现象是从属的、附生的。灾害状态诊断的主要任务是在诸多致害因素中找出主要矛盾，并对其成因背景、发展过程及可能的发展趋势进行准确定量的描述。

4. 评价

对已被确认的主要灾害现象进行损失性评价，以明确建筑活动在这些灾害现象冲击下会继续遭受什么样的打击。灾害状况评价的主要任务有两个：一是进行建筑业损失的评价，包括直接损失和间接损失；二是进行社会损失的评价，包括环境损失和社会活动后果的评价。

三、预警对策的活动内容

建筑灾害预警管理系统的活动目标是实现对各类灾害现象的早期预防与控制，并能在严重的灾害形势下实施危机管理方式。预警对策活动包括组织准备、日常监控和危机管理三个活动阶段。

1. 组织准备

组织准备是指展开预警分析和对策行动的组织保障活动，它包括整个预警系统活动的制度、标准、规章，目的在于为预警活动提供有保障的组织环境。组织准备有两个任务：一是规定预警管理系统的组织机构和运行方式；二是为建筑业处于灾难状态下的危机管理提供组织训练与对策准备。组织准备活动是整个预警系统的组织准备过程。

2. 日常监控

日常监控是指对预警分析活动所确定的灾害现象进行特别监视与控制的管理活动。预警活动所确立的灾害现象，往往对建筑活动全局有重大影响，因而要及时采取对策和跟踪监测。同时，由于灾害现象是变化发展的，并可能是难以迅速控制的，所以在日常监视过程中还要预测灾害现象未来发展的严重程度及可能出现的危机结果。因此，日常对策可以对灾害现象进行纠正活动，防止该灾害现象的扩展蔓延，逐渐使其恢复到正确状态。危急模拟是在日常对策活动中发现灾害现象难以有效控制，因而对可能发生的状态进行假设与模拟的活动，以此提出对策方案，为进入"危机管理"阶段做好准备。日常监测的控制对象主要是在预警活动中确立的各种事故隐患。

3. 危机管理

建筑灾害危机是指建筑业重大事故灾害、重大非事故灾害及由此引发的社会连锁反应，形成社会性灾难状态。它是日常监控活动无法扭转灾害的发展、建筑活动无法在短期内被有效控制的特大灾害。危机管理是一种"例外"性质的管理，是只有特殊情况下才采取的特殊管理方式。它是在建筑管理系统已无法控制灾害状态或建筑企业领导层基本丧失指挥能力的情况下，以特别的危机计划、领导小组、应急措施，介入建筑业运营活动的管理过程。一旦灾害局势恢复到正常可以控制的状态，危机管理的任务便宣告完成，由日常监控环节履行预警对策的任务。

四、预警分级

国家总体预案规定，预警级别依据突发公共事件可能造成的危害程度、紧急程度和发展势态，一般划分为四级：Ⅰ级（特别严重）、Ⅱ级（严重）、Ⅲ级（较重）和Ⅳ级（一般），依次用红色、橙色、黄色和蓝色表示。这是参照国外的做法进行的。预警级别与前述的突发公共事件分级［Ⅰ级（特别重大）、Ⅱ级（重大）、Ⅲ级（较大）和Ⅳ级（一般）］相对应。

对可以预警的突发公共事件，可以根据总体预案预警分级标准进行预警分级和信息发布。比如环境突发事件应急，按照突发事件严重性、紧急程度和可能波及的范围，把突发环境事件的预警分为四级，预警级别由低到高，颜色依次为蓝色、黄色、橙色、红色。根据事态的发展情况和采取措施的效果，预警颜色可以升级、降级或解除。

但是，并不是所有的突发公共事件都可以进行预警分级的。比如地震灾害，可以按照国家总体预案对地震灾害事件的损失等分成四级，特别重大地震灾害、重大地震灾害、较大地震灾害、一般地震灾害。但是，中国地震局的预警预报行为通常是，在划分地震重点危险区的基础上，组织震情跟踪工作，提出短期地震预测意见，报告预测区所在的省（区、市）人民政府；省（区、市）人民政府决策发布短期地震预报，及时做好防震准备。

因此，建筑企业在应对突发事件做出报警与通知时，应根据突发事件种类进行通报，使事故应急救援得以快速、有效地进行。

通过危机预警指标的监测，判断可能即将发生的事故或灾害，采取干预措施，尽量减缓事故或灾害的发生，尽量减少事故或灾害的损失，同时做好应急救援准备，为科学、及时的应急救援提供依据。

第三章
建筑企业应急救援预案编制

建筑企业编制重大事故应急预案是应急救援准备工作的核心内容，是开展应急救援工作的重要保障。我国政府近年来相继颁布的一系列法律法规，如《建筑安装工程技术规程》《建筑施工高处作业安全技术规范》《施工现场临时用电技术规范》《建筑施工安全检查评分标准》《关于特大安全事故行政责任追究的规定》《安全生产法》《特种设备安全法》等，对建筑企业现场施工应急预案的制定提出了相关的要求，是各级政府、企事业单位编制应急预案的法律基础。

第一节　应急救援预案概述

应急预案是在辨识和评估潜在的重大危险、事故类型、事故发生的可能性及发生过程、事故后果及影响严重程度的基础上，对应急机构职责、人员、技术、装备、设施（设备）、物资、救援行动及其指挥与协调等方面预先做出的具体安排。应急预案应明确在突发事故发生之前、发生过程中以及刚结束之后，谁负责做什么、何时做以及相应的策略和资源准备等。

一、应急预案概念

应急预案，又名"预防和应急处理预案""应急处理预案""应急计划"或"应急救援预案",是事先针对可能发生的事故（件）或灾害进行预测而预先制定的应急与救援行动、降低事故损失的有关救援措施、计划或方案。本书中统一采用"应急预案"。应急预案实际上是标准化的反应程序，使应急救援活动能迅速、有序地按照计划和最有效的步骤来进行。

应急预案有三个方面的含义：

1. 事故预防。通过危险辨识、事故后果分析，采用技术和管理手段降低事故发生的可能性且使可能发生的事故控制在局部，防止事故蔓延。

2. 应急处理。万一发生事故（或故障），有应急处理程序和方法，能快速反应处理故障或将事故消除在萌芽状态。

3. 抢险救援。采用预定现场抢险和抢救的方式，控制或减少事故造成的损失。

二、应急预案目的、作用和应用范围

1. 制定应急预案的目的

为了在重大事故发生后能及时予以控制，防止重大事故的蔓延，有效地组织抢险和救助，建筑企业应对已初步认定的危险场所和部位进行重大危险源的评估。对所有被认定的重大危险源，应事先进行重大事故后果定量预测，估计在重大事故发生后的状态、人员伤亡情况及设备破坏和损失程度，以及由于物料的泄漏可能引起的爆炸、火灾，有毒、有害物质扩散对单位及周边地区可能造成的危害程度。

依据预测，提前制定重大事故应急预案，组织、培训抢险队伍和配备救助器材，以便在重大事故发生后，能及时按照预定方案进行救援，在短时间内使事故得到有效控制。

综上所述，制定事故应急预案的主要目的有 2 个：

（1）采取预防措施使事故控制在局部，消除蔓延条件，防止突发性重大或连锁事故发生。

（2）能在事故发生后迅速有效地控制和处理事故，尽力减轻事故对人和财产的影响。

2. 应急预案的作用

编制重大事故应急预案是应急救援准备工作的核心内容，是及时、有序、有效地开展应急救援工作的重要保障。应急预案在应急救援中的重要作用和地位体现在以下几个方面：

（1）应急预案确定了应急救援的范围和体系，使应急准备和应急管理不再是无据可依、无章可循。尤其是培训和演习，它们依赖于应急预案。培训可以让应急响应人员熟悉自己的任务，具备完成指定任务所需的相应技能；演习可以检验预案和行动程序，并评估应急人员技能和整体协调性。

（2）制定应急预案有利于做出及时的应急响应，降低事故后果。应急行动对时间要求非常敏感，不允许有任何拖延。应急预案预先明确了应急各方的职责和响应程序，在应急力量、应急资源等方面做了大量准备，可以指导应急救援迅速、高效、有序地开展，将事故的人员伤亡、财产损失和环境破坏降到最低限度。此外，如果预先制定了预案，对重大事故发生后必须快速解决的一些应急恢复问题，也就很容易解决。

（3）成为各类突发重大事故的应急基础。通过编制基本应急预案，可保证应急预案足够的灵活性，对那些事先无法预料到的突发事件或事故，也可以起到基本的应急指导作用，成为开展应急救援的"底线"。在此基础上，可以针对特定危害编制专项应急预案，有针对性制定应急措施、进行专项应急准备和演习。

（4）当发生超过应急能力的重大事故时，便于与上级应急部门的联系和协调。

（5）有利于提高风险防范意识。预案的编制、评审以及发布和宣传，有利于各方了解可能面临的重大风险及其相应的应急措施，有利于促进各方提高风险防范意识和能力。

3. 建筑企业应急预案的应用范围

建筑企业应制定以下方面的应急预案：

（1）建筑施工应急预案。主要包括：脚手架施工应急预案，突发性停电应急准备与响应预案，物料提升机垂直运输过程突发停电应急处理与救援预案，施工升降机垂直运输中突发长时间停电事故应急处理与救援预案，塔吊起重作业过程中突发长时间停电应急处理与救援预案，正在重要结构部位砼施工的应急预案，地下管道破裂事故应急救援预案，施工中挖断水、电、通信光缆、煤气管道应急预案，办公区火灾事故应急预案，立交桥泵站深基坑施工应急预案，隧道高压水涌水应急预案，危险性较大部分工程及施工现场易发生重大事故的部位、环节的预防监控措施和应急预案，人防工程施工应急救援预案等。

（2）自然灾害应急预案。主要包括：施工过程中遇到大风应急预案，施工现场遇到暴雨应急预案，防汛、防台、防暑应急预案，防暴雨、滑坡及泥石流应急预案，防台风应急预案，防洪应急预案等。

（3）公共卫生应急预案。主要包括：预防禽流感应急预案，重大传染性疾病应急预案，食物中毒事故应急准备与响应预案，职业安全健康应急准备及应急响应预案，环境污染事故应急预案等。

（4）火灾应急预案。主要包括：施工现场火灾事故应急预案，办公楼消防应急预案，突发火灾事故应急预案，火灾事故应急预案，火灾事故专项应急预案等。

（5）人身伤害应急预案。主要包括：高层施工塔吊倾翻应急预案，高处坠落事故应急准备与响应预案，道路管线事故应急准备与响应预案，物体打击事故应急预案，基坑、基槽坍塌应急预案，反恐怖工作应急预案，触电伤人救护预案，施工现场工伤事故应急救援预案，现场伤员紧急救护预案，伤亡、伤害应急响应预案，坍塌事故应急救援预案等。

建筑企业在制定具体应急预案之前，要根据自己的风险特点，清楚要制定预案的对象及目标，进行相应的预案编制。

三、应急预案编制结构及基本内容

尽管重大事故起因各异，但所带来的后果和影响却是大同小异的。例如，地震、洪灾和飓风等都可能迫使人群离开家园，都需要实施"人群安置/救济"，而围绕这一任务或"功能"，可以基于地方政府共同的资源在综合预案中制订共性计划，而在专项预案中针对每种不同类型灾害，可根据其爆发速度、持续时间、袭击范围和强度等特点，只需对该项计划做一些小的调整。因此，应急预案的编制可采用基于应急任务或功能的编制方法，而关键是要找出和明确应急救援过程中所承担的应急任务。

不同的预案由于各自所处的层次和适用的范围不同，其内容在详略程度和侧重点上会有所不同，但都可以采用相似的基本结构。即基于应急任务或功能的"1+4"预案编制结构，如图3—1所示，即一个基本预案加上应急功能要完成的各种应急任务或功能，并明确其负责和有关的应急组织，确保都能由设置、特殊风险管理、标准操作程序和支持附件构成。该预案基本结构不仅使预案本身结构清晰，而且保证了各种类型预案之间的协调性和一致性。

1. 基本预案

基本预案是该应急预案的总体描述。主要阐述应急预案所要解决的紧急情况、应急的组织体系、方针、应急资源、应急的总体思路，并明确各应急组织在应急准备和应急行动中的职责以及应急预案的训练、演习和管理等规定。

2. 应急功能设置

应急功能是对在各类重大事故应急救援中通常都要采取的一系列基本的应急行动和任务而编写的计划。它着眼于针对突发事故响

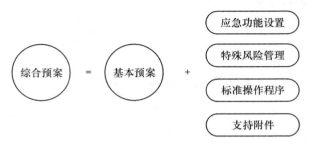

图 3—1　预案的基本结构

应时所要实施的紧急任务。由于应急功能是围绕应急行动的，因此它们的主要对象是那些任务执行机构。针对每一个应急功能应明确其针对的形势、目标、负责机构和支持机构、任务要求、应急准备和操作程序等。应急预案中包含的功能设置的数量和类型因地方差异会有所不同，主要取决于所针对的潜在重大事故危险类型，以及应急的组织方式和运行机制等具体情况。

3. 特殊风险管理

特殊风险指根据各类事故灾难、灾害的特征，需要对其应急功能做出针对性安排的风险。应急管理部门应考虑当地地理、社会环境和经济发展等因素影响，根据其可能面临的潜在风险类型，说明处置此类风险应该设置的专有应急功能或有关应急功能所需的特殊要求，明确这些应急功能的责任部门、支持部门、有限介入部门以及它们的职责和任务，为该类风险的专项预案制定提出特殊要求和指导。

4. 标准操作程序

由于基本预案、应急功能设置并不说明各项应急功能的实施细节，各应急功能的主要责任部门必须组织制定相应的标准操作程序，为应急组织或个人提供履行应急预案中规定职责和任务的详细指导。标准操作程序应保证与应急预案的协调性和一致性，其中重要的标准操作程序可作为应急预案附件或以适当方式引用。

5. 支持附件

主要包括应急救援的有关支持保障系统的描述及有关的附图表。

按照"1＋4"的预案基本结构，各部分的基本内容如下：

基本预案主要包括预案发布令、应急机构署名页、术语与定义、相关法律法规、方针与原则、危险分析与环境综述、应急资源、机构与职责、教育、培训与演练、与其他应急预案的关系、互助协议、预案管理等。

应急功能设置主要包括核心功能、接警与通知、指挥与控制、警报和紧急公告、通讯、事态监测与评估、警戒与治安、人群疏散、人群安置、医疗与卫生、公共关系、应急人员安全、消防和抢险、泄漏物控制以及现场恢复等。

特殊风险管理中应列出各类潜在重大事故风险，说明各类重大事故风险应急管理所需的专有应急功能和对其他相关应急功能的特殊要求，明确各应急功能的主要负责部门、有关支持部门以及这些部门的职责和任务。特殊风险管理中可能列出的重大事故风险类型包括：危险化学品事故、矿山安全生产事故、重大建筑工程事故、核物质泄漏、大面积停电、海难、空难和铁路路内、路外事故以及火灾等。此外，城市自然灾害、公共安全和公共卫生事件（如地震、洪水、暴风雪、台风、极端高温或低温、恐怖事件、骚乱、中毒、瘟疫等）可能会导致次生重大事故灾难，必要时，特殊风险管理中应说明有关自然灾害、公共安全和公共卫生事件应急管理过程中次生重大事故灾害的应急处置原则、要求和指导。

标准操作程序的作用是为应急组织或个人履行应急功能设置中规定的职责和任务提供详细指导。应通过简洁的语言说明标准操作程序的目的、执行主体、时间、地点、任务、步骤和方式，并提供所需的检查表和附图表。检查表直观简洁地列出了每项应急任务和步骤，实际上操作程序本身也应采取检查表的主体形式，以便快速行动或核对每项重要任务或步骤的执行情况。

支持附件主要包括：危险分析附件，通信联络附件，法律法规附件，应急资源附件，教育、培训、训练和演习附件，技术支持附件，协议附件以及其他支持附件等。

四、应急预案类别

按预案的适用对象范围划分为综合预案、专项预案和现场预案三个层次的预案。此分类方法使预案文件体系层次清晰，所以本书主要按此种方法分类。

1. 综合预案

综合预案是整体预案，是从总体上阐述应急方针、政策、应急组织结构及相应的职责，应急行动的总体思路等。通过综合预案可以很清晰地了解应急体系及预案的文件体系，即使对那些没有预料的紧急情况也能起到一般应急指导作用。

2. 专项预案

专项预案是针对某种具体的、特定的紧急情况，例如危险物质泄漏、火灾、某一自然灾害等的应急而制定的。专项预案是在综合预案的基础上充分考虑了某特定危险的特点，对应急的形势、组织机构、应急活动等进行更具体的阐述，具有较强的针对性。

3. 现场预案

现场预案是在专项预案的基础上，根据具体情况而编制的。它是针对特定的具体场所（即以现场为目标），通常是事故风险较大的场所或重要防护区域等制定的预案。例如，根据防洪专项预案编制的某洪区的防洪预案等。现场应急预案的特点是针对某一具体现场的特殊危险及其周边环境情况，在详细分析的基础上，对应急救援中的各个方面做出具体、周密而细致的安排，因而现场预案具有更强的针对性和对现场具体救援活动的指导性。

五、应急救援预案的分级

重大应急救援预案由企业（现场）应急预案和现场外政府的应急预案组成。现场应急预案由企业负责，场外应急预案由各级主管部门负责。现场应急预案与场外应急预案分别制定，但应协调一致。

根据可能的事故后果的影响范围、地点及应急方式，我国事故应急救援体系将事故应急预案分为五个级别。

1. Ⅰ级（企业级）应急预案

这类事故的有害影响局限在一个单位的界限之内，并且可被现场的操作者遏制和控制在该区域内。这类事故可能需要投入整个单位的力量来控制，但其影响预计不会扩大到社会。

2. Ⅱ级（县、市/社区级）应急预案

这类事故所涉及的影响可扩大到公共区（社区），但可被该县（市、区）或社区的力量，加上所涉及的单位或部门的力量所控制。

3. Ⅲ级（地区/市级）应急预案

这类事故影响范围大，后果严重，或是发生在两个县或县级市管辖区边界上的事故。应急救援需要动用地区的力量。

4. Ⅳ级（省级）应急预案

对可能发生的特大火灾、爆炸和其他特别重大事故以及省级特大事故隐患、省级重大危险源应建立省级事故应急反应预案。它可能是一种规模极大的灾难事故，或可能是一种极需要用事故发生的城市或地区所没有的特殊技术和设备进行处理的特殊事故。这类意外事故需用全省范围内的力量来控制。

5. Ⅴ级（国家级）应急预案

对事故后果超过省、直辖市、自治区边界以及列为国家级事故隐患、重大危险源的设施或场所，应制定国家级应急预案。

企业一旦发生事故，就应立刻实施应急程序，如需上级援助应同时报告当地县（市）或社区政府事故应急主管部门，根据预测的

事故影响程度和范围，需投入的应急人力、物力和财力逐级启动事故应急预案。

在任何情况下都要对事故的发展和控制进行连续不断的监测，并将信息传送到社区级指挥中心。社区级事故应急指挥中心根据事故严重程度将核实后的信息逐级报送上级应急机构。社区级事故应急指挥中心可以向科研单位、地（市）或全国专家、数据库和实验室就事故所涉及的危险物质的性能、事故控制措施等方面征求专家意见。

企业或社区级事故应急指挥中心应不断向上级机构报告事故控制的进展情况、所做出的决定与采取的行动。后者对此进行审查、批准或提出替代对策。将事故应急处理移交上一级指挥中心的决定，应由社区级指挥中心和上级政府机构共同决定。做出这种决定（升级）的依据是事故的规模、社区及企业能够提供的应急资源及事故发生的地点是否使社区范围外的地方处于风险之中。

政府主管部门应建立适合的报警系统，且有一个标准程序，将事故发生、发展信息传递给相应级别的应急指挥中心，根据对事故状况的评价，启动相应级别的应急预案。

（1）场外预案主要内容

场外预案是由国家或地方政府制定，国家或所辖区域内危险特点和危险性高的企业、公共场所、要害设施都应制定事故应急预案。外部预案与内部预案要相互补充，特别是中小型企业内部应急救援能力不足更需要外部的应急救助。

外部预案主要内容包括：

1）组织系统。指挥机构、应急协调人（姓名、电话）、应急控制中心、报警系统、应急救援程序等。

2）应急通讯。通讯中心、求救信号、电话或呼叫通讯网、求救组织系统等。

3）专业救援设施。救火车、救护车、提升设备、推土机等。

4）专业和志愿救援组织。专业救援组织为消防队，志愿救援组织为义务消防员或相关经培训人员。

5）救援中心。提供事故救援、危险物质信息库、事故技术咨询等。

6）气象与地理信息。收集事故当日的气候条件、天气预报、水文和地理资料等。

7）预案评审。收集同类事故、救援训练和演习，检查和评价预案落实状况，检查本地区外部预案与内部预案的接口，调整外部预案等。

（2）内部预案主要内容

现场应急预案由相关企业或单位制定，内部预案包含总体预案和各危险单元预案。

内部预案主要包括：组织落实、制定责任制、确定危险目标、警报及信号系统、预防事故的措施、紧急状态下抢险救援的实施办法、救援器材设备储备、人员疏散等。具体内容主要有：

1）建筑企业的基本情况

①建筑企业的地理位置及周边影响。

②建筑企业的规模与现状。

③建筑企业的道路及运输。

2）危险源的数量及分布图

①危险源的确定。根据危险物质的品种、数量、危险特性及可能引起事故的后果，确定应急救援的危险源，可按危险性的大小依次排序等。

②画出分布图并标出数量。

③潜在危险性的评估。对每个已确定的危险源要做出潜在危险性的评估，即一旦发生事故可能造成的后果，可能对周围环境造成的危害及影响范围。预测可能导致事故发生的途径，如井喷、井涌、机械伤害、重物打击、高处坠落、触电伤害、腐蚀伤害、火灾爆炸、

中毒危害、粉尘危害、噪声危害、振动危害、放射性危害等。

3）指挥机构的设置和职责

①指挥机构。事故应急救援"指挥领导小组"由相关部门领导组成，下设应急救援办公室，日常工作可由安全管理部门兼管。发生重大事故时，指挥领导小组立即到位，事先明确的总指挥、副总指挥到位，负责本单位应急救援工作的组织和指挥。指挥部可设在生产调度室或其他安全地方。在编制"预案"时应明确，若事先明确的总指挥、副总指挥人员不在本单位时，可由安全部门或其他部门负责人为临时总指挥，全权负责应急救援工作。

②指挥机构职责。指挥领导小组：负责单位"预案"的制定、修订；组建应急救援专业队伍，组织实施和演练；检查督促做好重大事故的预防措施和应急救援的各项准备工作。指挥部：发生重大事故时，由指挥部发布和解除应急救援命令、信号；组织救援队伍实施救援行动；向上级汇报和向友邻单位通报事故情况，必要时向有关单位发出救援请求；组织事故调查，总结应急救援经验教训。

③指挥人员分工。

④处理紧急事故的组织结构。

4）装备及通信网络和联络方式。为保证应急救援工作及时有效，事先必须配备装备器材，并对信号做出规定。必须针对危险源，并根据需要将抢险抢修、个体防护、医疗救援、通信、联络等装备器材配备齐全。平时要专人维护、保管、检验，确保器材始终处于完好状态，保证能有效使用。

信号规定：对各种通信工具、警报及事故信号，平时必须做出明确规定，报警方法、联络号码和信号使用规定要置于明显位置，使每一位值班人员熟练掌握。

5）应急救援专业队伍的任务和训练

①救援队伍。生产经营单位根据实际需要，应建立各种不脱产的专业救援队伍，包括抢险抢修队、医疗救护队、义务消防队、通

信保障队、治安队等。救援队伍是应急救援的骨干力量，担负单位各类重大事故的处置任务。单位的职工医院应承担中毒伤员的现场和院内抢救治疗任务。

②训练和演习。加强对各救援队伍的培训。指挥领导小组要从实际出发，针对危险源可能发生的事故，每年定期组织演习，把指挥机构和各救援队伍训练成一支思想好、技术精、作风硬的指挥班子和抢救队伍。一旦发生事故，指挥机构能正确指挥，各救援队伍能根据各自任务及时有效地排除险情、控制并消灭事故、抢救伤员，做好应急救援工作。

6）预防事故的措施。对已确定的危险源，根据其可能导致事故的途径，采取有针对性的预防措施，避免事故发生。各种预防措施必须建立责任制，落实到部门（单位）和个人。针对发生大量有毒有害物料泄漏、着火等情况，还应制定降低危害程度的措施。

7）事故的处置。制定重大事故的应急处置方案和救援程序。

①处置方案。根据危险源模拟事故状态，制定出各种事故状态下，如井喷、井涌、大量毒气泄漏、多人中毒、火灾、爆炸、停水、停电等的应急处置方案，主要包括通信、联络、抢险抢救、医疗救护、伤员转送、人员疏散、生产系统指挥、上报联系、救援行动方案等。

②处理程序。指挥部应制定事故处理程序图，一旦发生重大事故时，第一步先做什么，第二步应做什么，第三步再做什么，都有明确规定，以做到临危不乱，正确指挥。

重大事故发生时，各有关部门应立即处于紧急状态，在指挥部的统一指挥下，根据对危险源潜在危险的评估，按处置方案有条不紊地处理和控制事故，既不要惊慌失措，也不要麻痹大意，尽量把事故控制在最小范围内，最大限度地减少人员伤亡和财产损失。

8）工程抢险抢修。有效的工程抢险抢修是控制事故、消灭事故的关键。抢险人员应根据事先拟定的方案在做好个体防护的基础上，以最快的速度及时堵漏排险、消灭事故。

9）现场医疗救护

①应建立抢救小组，每个职工都应学会心肺复苏术。一旦发生事故出现伤员，首先要做好自救、互救。

②对发生中毒的病人，应在注射特效解毒剂或进行必要的医学处理后才能根据中毒和受伤程度转送各类医院。

③在医院和单位卫生所抢救室应有抢救程序图，每一位医务人员都应熟练掌握每一步抢救措施的具体内容和要求。及时有效的现场医疗救护是减少伤亡的重要一环。

10）人员的疏散与安置。发生重大事故，可能对本单位内、外人群安全构成威胁时，必须在指挥部统一指挥下，紧急疏散与事故应急救援无关的人员。必须根据不同事故，对疏散的方向、距离和集中地点做出具体规定。对可能威胁到单位外居民（包括相邻单位人员）安全时，指挥部应立即和当地有关部门联系，引导居民迅速撤离到安全地点并妥善安置。

11）社会支援。《安全生产法》第七十二条规定："任何单位和个人都应当支持、配合事故抢救，并提供一切便利条件。"

单位一旦发生重大事故，本单位抢救力量不足或有可能危及社会安全时，指挥部必须立即向上级和相邻单位通报，必要时请求社会力量援助。社会救援队伍进入本单位时，指挥部应责成专人联络，引导并告之安全注意事项。

六、应急预案的类型与核心要素

1. 应急预案的类型

根据事故应急预案的对象和级别，应急预案可分为下列四种类型：

（1）应急行动指南或检查表

针对已辨识的危险采取特定应急行动。简要描述应急行动必须遵从的基本程序，如发生情况向谁报告，报告什么信息，采取哪些应急措施。这种应急预案主要起提示作用，对相关人员要进行培训，有时将这种预案作为其他类型应急预案的补充。

（2）应急响应预案

针对现场每项设施和场所可能发生的事故情况编制的应急响应预案，如施工现场重大事故应急响应预案、台风应急响应预案等。应急响应预案要包括所有可能的危险状况，明确有关人员在紧急状况下的职责。这类预案仅说明处理紧急事务的必须行动，不包括事前要求（如培训、演练等）和事后措施。

（3）互助应急预案

相邻企业为在事故应急处理中共享资源、相互帮助制定的应急预案。这类预案适合于资源有限的中、小企业及高风险的大企业，需要高效的协调管理。

（4）应急管理预案

应急管理预案是综合性的事故应急预案，这类预案详细描述事故前、事故过程中和事故后何人做何事、什么时候做、如何做。这类预案要明确完成每一项职责的具体实施程序。应急管理预案包括事故应急的四个逻辑步骤：预防、准备、响应、恢复。

县级以上政府机构、具有重大危险源的企业，除单项事故应急预案外，还应制定重大事故应急管理预案。

2. 应急救援预案的核心要素

根据系统论的基本原则，应急救援预案是一个开放式、复杂化的庞大的系统，应急预案的设计和组织实施应遵循体系要素构成和持续改进的指导思想。一般应急预案体系可以划分为 6 个一级和 20 个二级的核心要素，见表 3—1。

（1）方针与原则

应急救援的根本目的必须贯彻以人为本、救死扶伤的理念。组织实施应急救援活动的基本原则应是集中管理、统一指挥、规范运

表 3—1   应急救援预案体系框架及核心要素

级号	要素内容	级号	要素内容
1	方针与原则	4.1	现场指挥与控制
2	应急策划	4.2	预警与通知
2.1	风险评价	4.3	预警系统与紧急通告
2.2	资源分析	4.4	通信
2.3	法律法规要求	4.5	事态监测
3	应急准备	4.6	人员疏散与安置
3.1	机构与职责	4.7	警戒与治安
3.2	应急设备、设施与物资	4.8	医疗与卫生服务
3.3	应急人员培训	4.9	应急人员安全
3.4	预案演练	4.10	公共关系
3.5	公众教育	4.11	资源管理
3.6	互助协议	5	现场恢复
4	应急响应	6	预案管理与评审改进

行、标准操作、反应迅速和救援高效。

（2）应急策划

策划是制定应急预案的技术基础。它包括风险评价、资源分析和法律法规要求三个二级要素。

1）应急预案中的风险评价。主要是针对可能导致重大人身伤亡和财产损失及产生严重社会影响的重大事故灾害风险。对易燃易爆、有毒有害的重大风险列出清单，逐一评估；对一些事故发生概率较低，但预期后果特别严重的重大风险应进行定量化风险评价（QRA）。

2）资源分析。首先是根据应急救援活动需要资源的类型（人力、装备、资金和供应）和规模（要标明具体数量），其次是调查清楚现有资源概况和尚欠缺的资源种类和数量，然后提出资源补充、合理利用和资源集成整合的建议方案。

3）应明确国家、政府和行业法律法规要求。掌握哪些关于应急方面的法律法规适合于组织或企业部分、遵守相应的法规情况等。尤其应关注一些和应急救援活动密切相关的法规、标准的规定。

（3）应急准备

应急准备包括应急指挥机构与职责、应急设备设施与物资、应急人员培训、预案演练、公众教育和互助协议六个二级要素。

1）应急指挥机构与职责。应明确分为场内与场外两类应急指挥中心（EOC）。前者的职责主要是整个应急救援活动的组织协调、资源调配和扩大应急救援活动的指挥，后者要直接承担起现场的控制灾害、救护人员和工程抢险等具体实效的救援任务。

2）应急设备、设施与物资。包括基本物资和专用设备和经费支持。这些内容都要建立标准化操作程序（SOPS）。

3）应急人员培训。其核心是制订一个行之有效的培训计划。培训的重点对象和目标是提高各类应急救援人员的素质和能力。

4）应急救援预案演练。其目标是检验其应急行动与预案的符合性、应急预案的有效性和缺陷，以及对于应急能力水平的评估。

5）公众教育的目标是提高全体公众的应急意识和能力。

6）互助协议主要是对紧急时刻需要协助的机构与组织要建立的联系，这种联系是通过事先签订互助协议的方式实现。

（4）应急响应

应急响应是应急预案中的核心内容，它包括现场指挥与控制等十一个二级要素。

1）现场指挥与控制。现场指挥与控制要以事故发生后确保公众安全为主要目标。按照应急预案的响应程序（SOPS）指挥、协调救援行动、合理使用应急资源，使事故迅速得到有效控制。

2）报警与通知。报警与通知是应急救援迅速启动的关键。接到报警后初步分析，筛选掉不正确的信息，落实事故的地点、时间、类型、范围，初步分析事故趋势。

3）警报系统及程序。事故被确认后立即通报政府应急主管部门和相应的应急指挥中心，及时向公众和各类救援人员发出事故应急警报，建立通信程序。

4）保证报警和通信器材完好，并能合理和正确使用报警和通信器材。保持信息渠道24小时畅通。

5）应急救援的事态监测包括制定的监测组织对大气、土壤、水和食物等样品采集，被污染状况测定和对风险的全面评估，监测和分析事故造成的危害性质及程度，以便升高或降低应急警报级别及采取相应对策评估。

6）应急救援的人员疏散与安置。应使所有公众熟悉报警系统、集合点、逃生线路、避难所及总体疏散程序，准确地估计事故影响范围、人员影响区域以便组织疏散、撤离，积极搜寻、营救受伤及受困、失踪人员，建立现场毒物泄漏时人员的避难所；疏散区域、距离、路线、运输工具及回迁程序，临时生活的保障等。

7）警戒与治安是为了保障现场救援工作顺利开展。救援现场要有警戒线（区域）设定，执行事故现场警戒和交通管制程序，保障救援队伍、物资供应、人员疏散的交通畅通和事故发生前后的警戒开始与撤销的批准程序。

8）应急救援中的医疗与卫生服务。由专业和接受过急救和心脏恢复培训的人员，事先组成医疗救援小组，在当地卫生部门的配合下，及时地提供应急需要的医疗设备和急救药品。

9）应急救援行动的原则应是优先确保公众和应急救援人员的安全，严禁冒险指挥，防止造成次生灾害。

10）在重大事故中应明确应急过程中的媒体及公众发言人，协调外部机构并及时与各部门联系，获得相关社会服务。

（5）现场恢复

应建立应急关闭程序。例如，确认事故得到有效控制程序，下降警戒级别、撤出救援力量和宣布取消应急的程序，对于现场清理和受影响区域的连续监测程序，对于受灾的从业人员提供帮助和进入恢复正常状态的程序，以及对于破坏损失的评估程序，进行事故调查和后果评价及重建的程序等。

（6）预案管理与评审改进

建立应急预案的编写、审核、批准、发放、修改、检测和更新预案等程序，并通过预案演练和能力评估对预案实现持续改进。

3. 应急救援预案的文件体系

（1）应急救援预案的文件体系

应急救援要形成完整的文件体系，以使其作用得到充分发挥，成为应急行动的有效工具。一个完整的应急预案是包括总预案、程序、说明书、记录的一个四级文件体系。

1）一级文件——总预案。它包含了对紧急情况的管理政策、预案的目标、应急组织和责任等内容。

2）二级文件——程序。它说明某个行动的目的和范围。程序内容十分具体，例如该做什么、由谁去做、什么时间和什么地点等。它的目的是为应急行动提供指南，但同时要求程序和格式简单明了，以确保应急队员在执行应急步骤时不会产生误解，格式可以是文字叙述、流程图表或是两者的组合等，应根据每个应急组织的具体情况选用最合适本组织的程序格式。

3）三级文件——说明书。对程序中特定任务及某些细节进行说明，供应急组织内部人员或其他个人使用，例如应急队员职责说明书、应急监测设备使用说明书等。

4）四级文件——对应急行动的记录。包括在应急行动期间所做的通信记录、每一步应急行动记录等。

从记录到预案，层层递进，组成一个完善的预案文件体系。从管理角度而言，可以根据这四类预案文件等级分别进行归类管理，既保持了预案文件的完整性，又因其清晰的条理性便于查阅和调用，保证应急预案能有效得到运用。

（2）应急预案主要内容

不同类型的应急预案所要求的程序文件是不同的，应急预案的内容取决于它的类型。一个完整的应急预案应主要包括以下六个方面的内容：

1）预案概况。对紧急情况下应急管理提供简述并做必要说明。

2）预防程序。对潜在事故进行分析并说明所采取的预防和控制事故的措施。

3）准备程序。说明应急行动前所需采取的准备工作。

4）基本应急程序。给出任何事故都可适用的应急行动程序。

5）专项应急程序。针对具体事故危险性的应急程序。

6）恢复程序。说明事故现场应急行动结束后所需采取的清除和恢复行动。

上述四种类型预案具体要求的程序文件见表 3—2（表中标"√"项为该计划包含内容，标"○"项为可选内容）。

表 3—2　　　　　　　应急预案的主要程序文件

内容		行动指南	响应预案	互助预案	综合预案
预案概况	目录	○	○	√	√
	预案分配表	○	√	√	√
	变更记录	○	√	√	√
	实施令	○	○	○	√
	名词、定义	○	√	√	√
预案基本要素	简介	○	√	√	√
	目的	○	√	√	√
	政策、法律依据			√	√
	安全状况	○	○	√	√
	可能的事故情况	○	○	√	√
	应急计划指导思想		○	√	√
	应急组织与职责	√	√	√	√
	应急计划评估、检查与维护	○	√	√	√

续表

	内容	行动指南	响应预案	互助预案	综合预案
预防程序	消防措施				√
	关键设备、设施检测与检验				√
	安全评审		·		√
准备程序	人员培训			√	√
	演练			√	√
	物资供应与应急设备			√	√
	记录保存				√
	互助合作			√	√
	员工与社区居民安全意识			○	√
基本应急程序	监测与报警	√	√	√	√
	指挥与控制	√	√	√	√
	通信联络	√	√	√	√
	应急关闭程序	√	√	√	√
	现场疏散	√	√	√	√
	医疗救助	√	√	√	√
	政府协调	√	√	√	√
专项应急程序	火灾与泄漏事故应急程序	√	√	√	√
	爆炸事故应急程序	√	√	√	√
	其他事故应急程序	√	√	√	√
恢复程序	起因调查	√			√
	损失评价	√			√
	事故现场净化与恢复	√			√
	生产恢复	√			√
	索赔程序	√			√

第二节　施工现场应急预案编制过程

　　事故应急处理是一项科学性很强的工作，制定应急预案必须以科学的态度，在全面调查的基础上，实行领导与专家相结合的方式，开展科学分析和论证，使事故预案真正具有科学性。同时，事故应急救援预案应符合使用对象的客观情况，具有实用性和可操作性，能够准确、迅速控制事故。事故应急救援工作是一项紧急状态下的应急性工作，所制定的应急预案应明确救援工作的管理体系，救援行动的组织指挥权限和各级救援组织的职责、任务等一系列的管理规定，保证救援工作的权威性。应急预案的编制基本要求为三点：一是分级、分类制定应急预案内容；二是上一级应急预案的编制应该以下一级应急预案为基础，做好预案之间的衔接；三是结合实际情况，确定应急预案编制内容。

一、应急预案编制的人员要求

　　应急预案编制人员应具备相应的专业技能，熟悉了解现场施工所涉及的国家基本规范、标准及施工现场的环境和职业健康安全要求。应具有与工程规模、施工技术难度等相匹配的工作经验及技能水平，并应取得相应的职业资格证书和职称证书。

　　应急预案编制人员应当充分掌握工程概况、施工工期、场地环境条件，并对施工图设计及施工组织设计等有充分的理解，根据工程的结构特点，科学地选择配备应急物资、应急设备，编制切实可行的应急预案。

　　应急预案编制人员应掌握职业健康安全管理体系标准知识，能够充分针对工程的特点，进行紧急状态危险源辨识和评价。并根据应急目标的制定，结合危险源识别和评价的结果，进行应急预案设计。

应急预案编制人员应对国家和地方的法律法规及其他要求充分了解，如《建筑安装工程技术规程》《建筑施工高处作业安全技术规范》《施工现场临时用电技术规范》《建筑施工安全检查评分标准》等，并掌握对施工中所采用的技术标准措施要求，如采用滑模工艺或其他特殊工艺施工。还必须熟悉《液压滑动模板施工安全技术规程》和相应的专业技术知识等，掌握企业的相关要求，确保所编制的应急预案的合规性。

应急预案编制人员还必须了解施工工程内部及外部给施工带来的不利因素，通过综合分析后，制定具有针对性的应急措施，使之能够起到减少伤害、降低损失的作用。

二、应急预案编制过程

应急预案的编制过程可分为下面五个步骤：

1. 成立预案编制小组

应急预案的成功编制需要有关职能部门和团体的积极参与，并达成一致意见，尤其是应寻求与危险直接相关的各方进行合作。成立预案编制小组是将各有关职能部门、各类专业技术有效结合起来的最佳方式，可有效地保证应急预案的准确性和完整性，而且为应急各方提供了一个非常重要的协作与交流机会，有利于统一应急各方的不同观点和意见。

2. 危险分析和应急能力评估

（1）危险分析

危险分析是应急预案编制的基础和关键过程。危险分析的结果不仅有助于确定需要重点考虑的危险，提供划分预案编制优先级别的依据，而且也为应急预案的编制、应急准备和应急响应提供必要的信息和资料。

危险分析包括危险识别、脆弱性分析和风险分析。

危险识别的目的是要将可能存在的重大危险因素识别出来，作为下一步风险分析的对象。

脆弱性分析要确定一旦发生危险事故，哪些地方容易受到破坏。

风险分析是根据危险识别和脆弱性分析的结果，评估事故或灾害发生时造成破坏（或伤害）的可能性，以及可能导致的实际破坏（或伤害）程度，通常可能会选择对最坏的情况进行分析。

（2）应急能力评估

依据危险分析的结果，对已有的应急资源和应急能力进行评估，包括城市应急资源的评估和企业应急资源的评估，明确应急救援的需求和不足。应急资源包括应急人员、应急设施（备）、装备和物资等；应急能力包括人员的技术、经验和接受的培训等。应急资源和能力将直接影响应急行动的快速、有效性。

制定预案时应当在评价与潜在危险相适应的应急资源和能力的基础上，选择最现实、最有效的应急策略。

3. 编制应急预案

应急预案的编制必须基于重大事故风险分析结果、应急资源的需求和现状以及有关的法律法规要求。此外，编制预案时应充分收集和参阅已有的应急预案，尽可能地减小工作量和避免应急预案重复和交叉，并确保与其他相关应急预案的协调和一致性。

4. 应急预案的评审与发布

（1）应急预案的评审

为确保应急预案的科学性、合理性以及与实际情况的符合性，预案编制单位或管理部门应依据我国有关应急的方针、政策、法律、法规、规章、标准和其他有关应急预案编制的指南性文件与评审检查表，组织开展预案评审工作，取得政府有关部门和应急机构的认可。

（2）应急预案的发布

重大事故应急预案经评审通过后，应由最高行政负责人签署发布，并报送有关部门和应急机构备案。

5. 应急预案的实施

实施应急预案是应急管理工作的重要环节，主要包括：应急预案宣传、教育和培训，应急资源的定期检查落实，应急演习和训练，应急预案的实践，应急预案的电子化，事故回顾等。

整个应急预案的编制工作流程如图 3—2 所示。

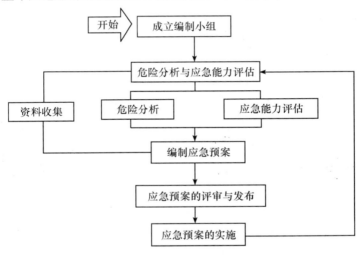

图 3—2 应急预案编制流程

三、现场事故应急救援预案的编制

现场事故应急救援预案应由建筑企业负责编制。下面分别对建筑企业的事故应急救援预案编制的依据、编制原则、预案内容、注意事项和演练与修订等进行介绍。

1. 项目场景描述

（1）工程项目基本概况：工程项目的规模、结构形式、特殊设计要求，工程所用的大型或特殊设备及其性能，合同施工内容。

（2）工程特点难度：新材料、新工艺的应用，是否有超大超高超常超深等特殊部位的施工，是否有复杂条件下的施工。

（3）安全要求：项目承包合同规定以及本公司对业主所承诺的职业健康安全目标，包括地方和社区的特殊要求。

（4）项目工期要求：项目总工期和节点工期，项目工期是否充裕，有无因业主要求缩短正常工期的情况，在施工周期内是否有冬季施工或雨季施工的情况。

（5）施工条件及环境：与地基基础施工有关的地质水文情况，是否需要进行特殊处理；周边是否有市政、电力、通信以及其他管线分布；周边的交通情况，最近的救援机构如消防队、医院的分布，是否能确保应急救援的顺利展开，是否确保紧急情况下人员的救治；当地的气候环境包括风、雨、雷、电等有何特点。

（6）合作方和相关方的情况：施工队伍的管理水平、设备能力、文化背景、风俗习惯、宗教信仰、身体素质等；当地救援机构的联系方式、当地消防机构的消防能力和联系方式、附近医院的抢救能力和联系方式等；其他可能带来的职业健康安全风险的情况。

这部分描述应尽可能详细，它决定了应急预案制定的依据和背景，决定了应急预案是否具备能够顺利有效实施的条件。

2. 施工部署及主要工艺

（1）项目管理层和作业层的人员组成及职责分工，特别是特殊岗位操作的配备情况。

（2）施工总平面布置，特别是风险较大的木工房、模板加工厂、材料仓库、油库、配电室的位置，还有消防通道的布置，消防水池、消防物质的具体地点。

（3）主要施工工艺，特别是职业健康风险较大的施工工艺或可能产生潜在事故或紧急情况的施工工艺或施工工序，详细分析工艺特点。

重点针对紧急情况下的危险源，识别各种不同条件下可能发生的职业健康安全事件和紧急情况，以及可能带来的风险，并对风险进行评估，确认是否可以接受。

3. 应急预案编制依据

明确与施工项目应急准备和响应有关的法律、法规、标准、规范及其要求，特别是与施工项目应急救援有直接关系的条款，应逐一熟悉并在制定应急预案时进行考虑。主要有《特别重大事故调查程序暂行规定》《安全生产许可证条例》《中华人民共和国安全生产法》《突发公共卫生事件应急条例》《中华人民共和国消防法》《建设工程安全生产管理条例》《建筑安全生产监督管理规定》《国家危险废物名录》《漏电保护器安全监察规定》《企业职工劳动安全卫生教育管理规定》《全国总工会关于生产性建设工程项目职业卫生设施实行工会监督的暂行办法》《危险化学品安全管理条例》《重大事故隐患管理规定》《工作场所安全使用化学品的规定》《建筑施工企业安全生产管理机构设置及专职安全生产管理人员配备办法》《危险性较大工程安全专项施工方案编制及专家论证审查办法》《建筑工程安全防护、文明施工措施实施费用及使用管理规定》《消防监督检查规定》《重大危险源辨识》《消防安全标志设置要求》《用电安全导则》《安全帽》《安全带》《安全网》《焊接与切割安全》《安全标志》《移动式木折梯安全标准》《建筑工程施工现场供电安全规范》《工作场所有害因素职业接触限值》《高处作业分级》《手持式电动工具的管理、使用》《检查和维修安全技术规程》《体力搬运重量限值》《体力劳动强度分级》《施工企业安全生产评价标准》《建筑施工安全检查评分标准》《建筑施工门式钢管脚手架安全技术规程》《建筑施工高处作业安全技术规范》《施工现场临时用电安全技术规范》《建筑施工扣件式脚手架安全技术规程》《中华人民共和国工程建设强制性标准》等。

4. 应急准备

（1）组织和人员准备

项目部成立生产安全事故应急小组,应急小组的主要职责如下:

1) 全体成员牢固树立全心全意为员工服务的思想。

2) 认真学习和熟练执行应急程序。

3) 服从上级指挥调动。

4) 改造和检查应急设备和设施的安全性能及质量。

5) 组织队员搞好模拟演练。

6) 参加本范围的各种抢险救护。

应急小组由组长、副组长、抢险组、技术支持组、警戒保卫组、医疗救护组、后勤保障组、通信联络组、善后处理组、生产恢复组组成。

项目经理是事故应急小组第一负责人,负责事故的救援指挥工作。

(2) 事故应急组织指挥图

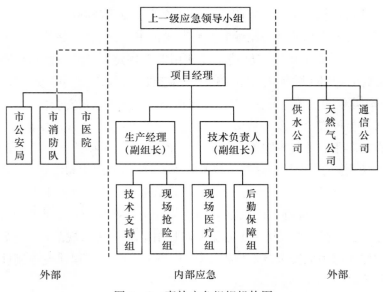

图3—3 事故应急组织机构图

（3）应急小组成员和下设机构的组成及职责

应急小组成员要明确到人，人员变动时，要随时更新，并告知相关人员和相关方。

1）应急小组组长——项目经理

主要职责：

①决定是否存在或可能存在重大紧急事故，要求应急服务机构提供帮助并实施场外应急计划，在不受事故影响的地方进行直接控制。

②复查和评估事故（事件）可能发展的动向，确定其可能的发展过程；指挥、协调应急行动，直接监察应急操作人员的行动。

③通报外部机构，与社会应急机构取得联系，决定请求外部援助或启动上一级预案（公司级）。

④在施工现场内实行交通管制，协调场外应急机构开展服务工作；决定事故现场外影响区域的安全性，最大限度地保证现场人员及相关人员的安全。

⑤指导设施的部分停工，决定应急撤离，并确保任何伤害者都能得到足够的重视。

⑥在紧急状态结束后，控制受影响地点的恢复。

⑦负责确定救援工作的终止。

⑧负责上报事故。

2）应急小组副组长——项目副经理、技术负责人

主要职责：

①评估事故的规模和发展势态，建立应急步骤，确保员工的安全和减少设施和财产损失。

②如有必要，在救援服务机构到来之前直接参与救护活动。

③安排寻找受伤者及安排与救援无关人员撤离到指定安全地点。

④设立与应急中心的通信联络，为应急服务机构提供建议和信息。

3）现场抢险组

组长：项目副经理

组员：由生产副经理、安装副经理、专职安全员及分包单位负责人和经过抢险培训的电工、焊工、架工、泥工等各工种抢险队员（100人）组成。

主要职责：

①组织实施抢险行动方案，并不断加以改进。

②协调有关部门的抢险行动，及时报告抢险进展情况。

③寻找受害者并转移至安全地带。

④抢运可以转移的场区内物质。

⑤将可能引起新危险的物品转移到安全地带。

⑥引导现场作业人员从安全通道疏散。

⑦抢险抢修或救援结束后，对结果进行复查和评估。

4）技术支持组

组长：项目技术负责人

组员：由项目技术员、施工员和各施工队技术人员组成。

主要职责：

①应急预案启动后，根据事故现场的特点，及时向应急小组组长提供科学的工程技术方案和技术支持，有效地指导应急行动中的工程技术工作。

②提出抢险抢修及避免事故扩大的临时应急方案和措施。

③指导抢险组实施应急方案和措施。

④绘制事故现场平面图，表明重点部位，向外部救援机构提供准确的抢险救援信息资料。

⑤修补实施中的应急方案和措施存在的缺陷。

5）警戒保卫组

组长：项目书记

组员：由项目行政、保安人员组成。

主要职责：

①负责事故现场的警戒，设置事故现场警戒线、岗，组织非抢险救援人员进入现场，保护抢险人员的人身安全，维持治安秩序。

②负责现场车辆疏通，引导抢险救援人员及车辆的进入，保持抢险救援车辆的畅通。

③对厂区内、外进行有效隔离，疏散、引导施工现场外周边居民撤出危险地带。

④负责保护事故现场，避免闲杂人员围观，监视事故发展情况等。

⑤抢救救援结束后，封闭事故现场，直到收到明确解除指令。

6）医疗救护组

组长：项目医务室医生。医生应具备施工现场常见伤害和突发疾病的现场抢救经验，可对学历、工作年限、职称等做相应要求。

组员：由经简单培训过的现场管理员组成。

主要职责：

①负责现场伤员的救护工作。

②在外部机构未到达前，对伤害者进行必要的抢救。

③对受伤人员做简易的抢救和包扎，及时转移重伤人员到医疗机构就医。

④协助外部救援机构转送受害者至医疗机构，并指定人员护理受害者。

⑤使重度受害者优先得到救护。

7）后勤保障组

组长：项目书记

组员：由项目物资设备部、财务、后勤等人员组成。

主要职责：

①负责调集抢险器材、设备，及时提供后续的抢险物资。

②保障系统内各组人员必需的防护、救援用品及生活物资的

供给。

③负责解决抢险救灾人员的食宿问题。

④负责应急器材的发放、管理及维护工作。

⑤根据项目经理部施工场区的位置，了解落实项目周边的应急物资供应点分布情况，为及时向应急行动的后勤物资供给做好准备工作。

8）通信联络组

组长：综合办公室主任

组员：由综合办公室成员和项目部其他管理人员组成。

主要职责：

①负责消息的转达，确保与公司和外部联系的畅通、内外信息反馈迅速。

②发生事故第一时间通知项目应急小组主要成员，负责召集小组成员，对外联络、及时向主管部门汇报。

③保持通信联络设施和设备处于良好状态，做好消防、医疗、交通管制、抢险救灾等公共救援部门的联系工作。

④负责应急工程的记录、整理、对外联络和事件澄清后对外发布。

9）善后处理组

组长：项目经理

组员：由项目领导班子和专职安全员组成。

主要职责：

①负责做好对遇难者家属的安抚工作。

②协调落实遇难者家属抚恤金和受伤人员住院费问题。

③负责保险索赔事宜的处理。

④积极与当地政府部门协调，尽快恢复或减少对环境的影响和破坏，消除不良社会影响。

⑤做好其他善后事宜。

10）生产恢复组

组长：项目副经理

组员：由项目生产副经理、安装副经理、技术负责人和分包单位负责人组成。

主要职责：

①在事故调查清楚并定性的条件下，尽快清理现场。

②制定详细方案，恢复生产。

这些小组的准备是应急工作能得到及时有序开展的保证。但往往紧急情况发生时，这些小组不可能全部在第一时间马上到位，这就需要现场有关人员都要具备一定的应急救援技能，在应急救援系统地展开前，能进行力所能及的自救和互救行动，特别是现场安全管理人员，应利用自己所掌握的知识，指挥前期救援行动，并在应急小组展开工作时，服从统一指挥。

（4）物资和设备准备

应急物资设备分两部分准备，一部分储备在施工现场，一部分从场外相关单位获得援助。储备在施工现场的应急物资设备为应急救援专用常备物资，非特殊情况，不得动用，并定期检查，随时补充。场外相关单位的援助应急物资设备为非专用物资，应经常与相关方保持联系，确认物资设备的现状，尤其是在分项工程施工期间，确保能随时调配，必要时，应与多家相关方建立联系。

场内配备的物资设备有：

1）常备药品。消毒用品、急救物品（如创可贴、绷带、无菌敷料、人丹等）及各种常用小夹板、担架、止血带、氧气袋等。

2）抢险工具。铁锹、撬棍、千斤顶、麻绳、气割工具、加压泵、消防斧、灭火桶、小型金属切割机、电工常用工具等。

3）应急器材。架管、扣件、木枋、架板、草袋、砾石、水泥、安全帽、安全带、防雨帐篷、应急灯、小型柴油发电机、柴油、对讲机、电焊机、水泵、卷扬机、电动葫芦、手动葫芦、救生衣、灭火器、灭火机、消火栓、消防水带、消防水池等。

相关单位需援助的应急物资和设备主要有挖掘机、小型挖掘机、推土机、自卸汽车、平板货车、液压汽车吊、面包车、发电机、机动翻斗车、救生船、救护车、消防车等。这里需了解各类应急物资设备的型号、抢险能力、储存位置、联系方式（最好有两种以上联络方式），并定期与这些物资设备单位保持联络，了解设备的状态，确保紧急情况发生时能提供援助。

（5）检测设备的准备

项目应配备一定的检测设备并保持设备的有效状态，确保在紧急情况发生时，能够实施监测，为抢险工作提供科学依据，以便根据现场情况发展态势，及时调整抢险计划，防止在抢险过程中产生新的伤害和损失。

5. 危险报警

（1）建筑企业应设置报警装置，以保证将任何突发的事故或紧急情况迅速通知给所有有关工人和非现场人员，使其能迅速做出相应决定。

（2）建筑企业应保证所有工作人员熟悉报警步骤，以确保能尽快采取措施，控制事态发展。

（3）建筑企业应根据危险设施规模考虑是否建立紧急报警系统。

（4）在需要安装报警系统时，应在多处安装报警装置，并达到一定的数量，以保证报警系统正常、有效工作。

（5）在噪声较严重的地方，建筑企业应考虑安装显示性报警装置以提醒在现场工作的人员。

（6）在工作场所报警系统报警时，为能尽快通知场外应急服务机构，建筑企业应保证建立一个可靠的通信系统。

6. 通信联络方法

（1）与建筑企业内部和事故应急救援预案相关人员的通信联络方法。包括召集重大危险源其他部位或非现场的主要人员到达事故现场的联络方法。

（2）与场外事故应急救援预案实施机构进行联系的方法。包括与场外事故应急指挥中心和应急救援服务机构的联络方法等。

（3）与当地安全生产监督管理部门及主管部门的联络方法等。

（4）应急控制系统。应急控制系统的应急指挥联络图，如图3—4所示。

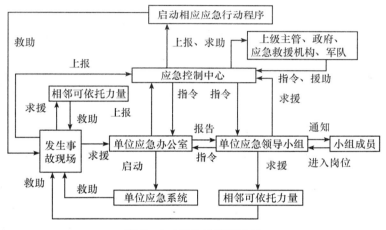

图3—4　应急指挥联络图

建筑企业在编制事故应急救援预案中应考虑建立应急控制中心，应急控制中心负责指挥和协调处理紧急情况，保证事故应急救援预案的顺利执行。其主要要求如下：

①应急控制中心的地点。应把应急控制中心设在较安全的地方。应考虑建立辅助应急控制中心，因为主控制中心也可能会因事故影响而瘫痪。

②应急控制中心的组成。一般包括总指挥和指挥部成员。总指挥由建筑企业法人代表担任。指挥部成员应包括具备完成某项任务的能力、职责、权力及资源的单位，如生产、设备、消防及医疗机构。指挥部成员直接领导各下属应急专业队，并向总指挥负责，由

总指挥协调各队工作的进行。

③应能够顺利接收外部信息，具有向事故现场及现场外管理人员发送指令的能力。

7. 应急响应

（1）识别在什么条件下开始实施响应

只要准备得当，所有紧急情况都应该做出响应，但响应方式很多。如果在初期阶段，则应采取措施，消灭隐患，控制事态的发展；如果在事故的中期阶段，则一方面组织抢险，一方面寻求社会援助，防止事态的扩散；如果是事故的后期，已无法控制，则要不惜一切手段疏散人员，确保人员不受伤害，如已发生人员伤亡，则在确保救援人员安全的前提下，展开人员抢救工作。

（2）明确应急响应的程序

针对不同的潜在事故和紧急情况，制定有针对性的抢救措施。确保在紧急情况发生时，能够按照所制定的措施展开救援行动。

生产经营单位负责人接到事故报告后，一是根据应急救援预案和事故的具体情况迅速采取有效措施，组织抢救；二是千方百计防止事故扩大，减少人员伤亡和财产损失；三是严格执行有关救护规程和规定，严禁救护过程中的违章指挥和冒险作业，避免救护中的伤亡和财产损失；四是注意保护事故现场，不得故意破坏事故现场、毁灭有关证据。生产经营单位发生重大安全生产事故时，单位的主要负责人应当立即组织抢救。

应急响应是在紧急情况发生时进行的应急救援过程，其目的是最大限度地防止或减少紧急情况导致的伤害或损失。应急响应的速度、流程和救援方法的适宜性和有效性至关重要，同样的事件或紧急情况，应急响应的速度、流程和救援方法不同，效果也不一样。在现实生活中，由于火灾报警不及时、救援措施不得当等原因，使本不该发生的事故酿成惨剧的事例屡见不鲜。坍塌事故救援过程中，由于救援措施不当而在二次坍塌事故中造成更大伤亡的情况也时有耳闻。正确的应急响应，应根据当时的实际情况迅速做出判断和决策，按照应急预案的规定和要求，协调有序地采取相应措施。应急响应过程应遵循以下原则：

1）执行预案而不唯预案的原则。世上没有完全相同的施工现场，也没有完全相同的紧急情况。应急预案是根据识别的潜在的事件或紧急情况制定的，不可能与现场实际发生的紧急情况完全一样。因此，在应急响应时，应根据实际情况加以判断，根据变化的情况及时做出调整。但这种调整不是随意的，也不是应急响应人员自行其是，而是经授权人员统一做出的响应部署。

2）先救人后救物的原则。人的生命是最宝贵的。当紧急情况发生时，我们应首先抢救人的生命，尽最大能力避免或减少人员伤亡。在保证人的生命安全的情况下，尽力减少财产损失。

3）分工协作的原则。在应急预案中明确了应急响应小组和人员的职责，目的是防止在应急响应过程中发生混乱。在紧急情况发生时，各相关应急人员应按照预案的安排，分别做好各自的工作。同时，还要发扬团队协作的精神，在做好自身工作的前提下，协助进行重大响应行动。现场应急指挥人员应随时掌握各项活动的进展情况，及时根据情况的变化做出调整。

应急响应和救援活动结束后，应对应急预案和应急响应过程的适应性、有效性和充分性进行评审，识别应急预案和管理体系中存在的不足，并进行必要的修订完善，达到持续改进的目的。这种改进，不仅限于发生事件和紧急情况的现场，施工企业在其他类似现场中加以推广，扩大改进措施的覆盖面，使其发挥更大的作用，取得更好的效果。

（3）应急行动程序通则

1）应急小组成员应牢记分工，按小组行动，服从指挥。

2）应急小组成员在接到报警后，带好随身抢险物品和个人安全防护用品在规定时间内到位。

（4）建立应急救援安全通道体系

1）应急计划中，必须依据施工总平面布置、建筑物的施工内容以及施工特点，确立应急状态时的救援安全通道体系。体系包括垂直通道、水平通道、与场外连接通道。并准备不同的通道体系设计方案，以解决事故现场发生变化带来的问题，确保应急救援安全通道能有效地投入使用。

2）应急通道平面布置图张贴在现场醒目位置，在应急通道的出入口、转弯、分叉处张贴指示标志，随时保证应急通道的畅通。

3）建立通信体系。应急预案中必须确定有效的可能使用的通信系统，以保证应急救援系统的各个机构之间有效联系。建立有效的通信体系，以确保以下有关人员的通信联络畅通：

①应急人员之间。

②事故指挥者与应急人员之间。

③应急救援系统各机构之间。

④应急指挥机构与外部应急组织之间。

⑤应急指挥机构与伤员家庭之间。

⑥应急指挥机构与上级行政主管部门之间。

⑦应急指挥机构与新闻媒体之间。

⑧应急指挥机构与认为必要的有关人员和部门之间。

4）建立受影响区域的疏散机制。对施工现场周边情况进行仔细摸查，确立事故现场外影响区域的疏散路线和方向，形成行之有效的疏散通道网络。应急状态时，由应急小组组长决定下达疏散令。警戒保卫组引领受影响区域的居民从疏散通道网络疏散、撤退。

（5）现场急救

现场医疗救护组在外部救援人员未到达前或将伤者送至医院前，对伤者进行必要的抢救，抢救前首先对伤者的情况进行检查和判断，然后进行有针对的救援。

现场急救主要针对施工现场由于高空坠落、物体打击、坍塌事故、触电事故、机械事故、火灾事故、中毒中暑、化学品泄漏等意外事故造成的人身伤害。

建筑施工现场可能发生的伤害形式有烧伤、中毒、出血、骨折或肢体断裂、休克、呼吸及心跳骤停、烫伤、中暑、颅脑损伤、内脏损伤等。

1) 现场急救原则

①抢救伤者要及时，体现时间就是生命。

②抢救方法得当，避免二次伤害。

③实施现场急救与送往医院救治相结合的原则。

④送现场最近的医院救治的原则。

2) 现场急救注意事项

①确保通信畅通，信息及时沟通。

②确定事故类型、伤害形式和范围。

③确定人员伤害情况。

④掌握天气变化情况（电话咨询、气象预报）。

⑤确定现有资源是否满足救援需要（人力、物力和设备），是否需要外援。

⑥根据上述情况实施救援行动。

(6) 应急救援行动中的人体工效学和心理学要求

人体工效学有时候又称"人体因素"，它研究的是人、机械和环境互相间的合理关系。人体工效反映了人的文化素质、身体素质、灵敏性、胆量、身体强弱、高矮和胖瘦等。为了安全生产、适应环境、充分发挥人的特长，用科学的方法管理与使用人才，那么，各种岗位的安排就要充分考虑到人体工效，包括应急抢险和救援的岗位。比如，要从细小洞口进行救人，就应该考虑救援人员的身高要求；需要从狭窄区域开展救援行动，就应考虑人的胖瘦和高矮问题。

需从危险区域抢救伤亡人员，则要充分考虑救援人员的心理因素。如果发生人员被埋而受伤又不能马上救出时，则应对伤员进行开导和安慰；如伤员或救援者因突发情况而造成心理伤害时，则应进行心理辅导等。

（7）防治应急救援过程中再次发生伤害

遇到紧急情况时，当事人往往会失去理智，救援人员也可能发生心理或行为失常，因此，在救援过程中，如不沉着冷静，则很容易造成受伤人员伤势加重或出现新的险情，使救援也受到伤害。这就要求整个应急救援过程应在统一指挥下，有序进行，必要时，应有明确的安全技术保证措施。比如，一旦现场指挥发现危险征兆时迅速做出准确判断，及时下达撤退命令，避免造成人员伤亡和装备损失。救援人员看到或听到统一撤退信号后，应立即撤至安全地带。

（8）事故调查和生产恢复

事故发生后，有关人员接到伤亡事故报告后，要迅速赶到事故现场，立即采取有效措施，指挥抢救伤员，同时对现场的状况做出快速反应，排除险情，制止事故蔓延扩大，稳定人员情绪，要做到统一指挥，步调一致。同时，要严格保护好事故现场，因抢救伤员、疏导交通、排除险情等原因需要移动现场物品时，应当做出标志，绘制现场简图，并做出书面记录，妥善保护现场重要痕迹、物件，并进行拍照或录像。必须采取一切可能的措施如安排人员看守事故现场等，防止人为或自然因素对事故现场的破坏。清理现场必须在事故调查取证完毕，并完整记录在案后方可进行。同时，制定详细的恢复生产技术方案。特殊情况下，须立即恢复生产的，应取得批准，并在保证现场音像记录清楚的前提下进行。

项目部有责任配合事故调查组进行事故调查和处理工作。并坚持做到"四不放过"原则，即必须坚持事故原因分析不清不放过；事故责任者和群众没有受到教育不放过；事故责任者没有受到严肃处理不放过；没有采取可行的防范措施不放过。

8. 专项应急处置方案

针对某种具体的、特定类型的紧急情况，如危险物质泄漏、火灾、某单一事故类型的应急而制定的处置方案〔如煤矿企业重大事故应急专项处置方案包括水灾事故、冒顶（片帮）事故、瓦斯事故、火灾等专项处置方案，电网企业大面积停电应急处置方案，危险化学品企业的火灾、爆炸、中毒等专项处置方案〕，生产经营单位制定专项应急处置方案时，应充分考虑：

（1）本单位特定危险的特点。

（2）对应急组织机构、应急活动等更为具体的阐述。

（3）专项应急处置方案的程序应与基本应急程序有机衔接起来。

（4）生产经营单位可以根据本单位特点，编制多个专项应急处置方案。

9. 后期处置与保障措施

明确生产安全事故应急结束后，生产经营单位进行污染物收集、清理与处理、设施重建、生产恢复等程序。

（1）通信与信息保障

建立通信系统维护以及信息采集等制度，确保应急期间信息通畅。明确参与应急活动的所有部门通信方式，分级联系方式，并提供备用方案和通讯录。

（2）应急队伍保障

要求列出各类应急响应的人力资源，专业应急救援队伍的组织与保障方案，以及应急能力保持方案等。

（3）应急装备保障

明确应急救援期间需要使用的应急设备类型、数量、性能和存放位置，备用措施等内容。

（4）经费保障

明确应急专项经费来源、使用范围、数量和管理监督措施，提供应急状态时生产经营单位经费的保障措施。

（5）其他保障

生产经营单位根据本单位的实际情况而确定其他相关保障措施，

如交通运输保障、治安保障、技术保障等。

10. 应急预案管理

应急预案是应急救援行动的指南性文件，为保证应急预案的有效性和实际情况的符合性，必须对预案实施有效的管理，包括预案的发放登记、修改和修订等。

（1）预案的发放与登记

预案经批准后，应分发给有关部门，并建立发放登记表，记录发放日期、发放份数、文件登记号、接收部门、接收日期、签收人等有关信息，见表3—3。向社会或媒体分发用于宣传教育的预案可不包括有关标准操作程序、内部通讯簿等不便公开的专业、关键或敏感信息。

表 3—3   预案发放登记表示例

序号	发放日期	份数	编号	接收部门	接收日期	签收人	备注

（2）预案的修改和修订

为不断完善和改进应急预案并保持预案的时效性，应就下述情况对应急预案进行定期和不定期的修改或修订。

1）日常应急预案管理中发现预案的缺陷。

2）训练或演习过程中发现预案的缺陷。

3）实际应用过程中发现预案的缺陷。

4）组织机构发生变化。

5）原材料、生产工艺的危险性发生变化。

6）生产经营范围的变化。

7）厂址、布局、消防设施等发生变化。

8）人员及通讯方式发生变化。

9）有关法律法规标准发生变化。

10）其他情况。

应规定组织预案修改、修订的负责部门和工作程序。预案修改时，填写预案更改通知单，见表3—4。经审核、批准后备案存档，并根据预案发放登记表，发放预案更改通知单复印件至各部门，以更新预案。

表 3—4　　　　　　　　预案更改通知单示例

更改通知单编号：

更改文件名称			文件编号		
序号	更改页码	更改位置	序号	更改页码	更改位置

原内容：

更改为：

提出部门		编制人签字及日期	
审核人签字及日期		批准人签字及日期	

分发记录

序号	接收部门	日期	签收人	序号	接收部门	日期	签收人

四、应急预案的审批要求

项目施工中，应急预案应在既定目标及指标相应的作业活动开始之前编制审批完成，达到"预防为主"的目的。

应急预案应突出人机工效的作用和影响，即充分应用人机工效原理，识别和确定应急人员的生理特点，主要包括忍耐能力和动作方面的要求（如抢险过程中的高强度、高风险、高速度等对抢险队员的忍耐力就是一种考验，而抢险区域情况的不确定性、环境的复杂性、环境的动态变化性又决定了对抢险活动中人员体态和动作的要求），从而根据确定的应急风险范围和风险程度，制定符合人的不同生理要求的应急准则，如应急的动作要求、设施设计、工具配置等，有效安排应急救援，最大限度地降低安全风险。

应急预案应突出心理管理内容，即充分发挥心理辅导、心理安慰及心灵沟通在应急活动中的功效，针对不同风险所面临的不同年龄、不同文化背景、不同经验和不同时期的心理活动，使抢险人员的心理保持积极、健康的状态，有效降低事故损失。比如在救援过程中，要对伤者的朋友和亲属进行心理安慰，避免情绪激动影响救治人员的正常工作；发生事故后，受伤人员先会比较慌乱，之后会觉得很悲观，要对伤者进行心理安慰，使其树立信心，配合医生的救治工作；如果伤者住院，单位领导要经常派人进行探视，派伤者的亲友进行照顾；特别是因伤致残的情况，更要对伤者和伤者的亲属进行安慰，要他们配合治疗，并做好善后处理工作，便于伤者尽快恢复。

应急预案应突出施工现场和相关在应急管理中的沟通和协商控制，如强化相关危险源的识别和管理策划，对施工和管理活动全过程风险通过协商和沟通进行有机控制，确定具体沟通协商的方式和方法等。

应急预案应突出技术措施在应急准备和响应中的作用，即有意识地把技术方案融入应急管理及其应急预案中，使应急管理因为具有一定的技术支撑而实现降低风险的目标。

应急预案在项目经理领导下，依照项目策划的目标和指标，综合考虑项目结构特点及制约因素，科学地进行编制。应急预案一般应在目标指标相应的作业活动开始前两周完成编制工作，并在作业活动开始之前一周完成应急预案的审批、评审及修订完善工作，形成文件并下达。在作业活动开始之前完成应急预案的交底及培训工作。

在应急预案初稿编制完成之后，应经过项目技术、质量、安全、物资、财务、合同等部门综合评审，对方案中涉及的技术措施、设备设施及资金需要进行评审，提出可行性分析意见，保证应急预案的可行性，并由上级公司生产安全部门负责审批。必要时应通过外部专家的论证确认，保证应急预案实施的安全性。应急预案经施工单位审批完成后，应报送监理单位总监理工程师签字确认后实施。

随着社会、经济和环境的变化，应急预案中包含的信息可能会发生变化。因此，应急组织或应急管理机构应定期或根据实际需要评审应急预案，并定期修订完善，以便及时更换变化或过时的信息并解决演习、实施中反映出的问题。

我国多部法律法规也规定，应急预案应定期修订并报有关部门备案，如《危险化学品安全管理条例》第五十条规定："危险化学品事故应急救援预案应当报设区的市级人民政府负责化学品安全监督管理综合工作的部门备案。"国务院《使用有毒物品作业场所劳动保护条例》规定："从事使用高毒物品作业的用人单位，应当配备应急救援人员和必要的应急救援器材、设备，制定事故应急救援预案，并根据实际情况变化对应急预案适时进行修订，定期组织演练。事故应急救援预案和演练记录应当报当地卫生行政部门、安全生产监督管理部门和公安部门备案。"我国其他灾种应急预案中也十分强调预案评审、修订问题，如《防洪预案编制要点（试行）》中规定：

"防洪预案编制后，应每年进行一次修订，并在汛期之前完成上报和审批"，"防洪预案应密切结合防洪工程现状、社会经济情况，因地制宜进行编制，并在实施过程中，根据情况的变化不断进行修订"。

重大事故应急预案必须与规模、危险等级及应急准备状况相一致。因此，也必须通过定期评审，检验和更新应急预案，并得到有关人员、部门的审查、认可或审批。

五、应急预案交底

应急预案编制审批完成后，每项作业活动操作前，项目部应组织土建施工、设备安装、装饰工程等相关作业人员对每项作业活动所涉及的重要环境因素和重大危险源应急控制措施，操作基本要求，火灾、爆炸、化学品泄漏、设备试车、高处坠落、物体打击、坍塌、触电等事故，中暑、中毒，台风、泥石流等地质灾害的应急准备响应中的注意事项，必要的应急救援技能，应急设备的布置和使用方法，紧急疏散通道的位置和疏散方法，自救互救的要求等进行专项交底或综合交底，避免因工作人员不掌握职业健康安全方面的基本应急准备和响应要求，造成紧急情况下响应措施不当，造成事故危害程度扩大，使人员伤亡、财产损失增加。

交底必须有双方签字确认，项目部安全员监督实施。

六、应急预案的评估

应急预案的评估包括应急准备方面的评估、突发事故发生后的评估和其他应考虑的方面的评估。

项目经理部在项目开工后每半年和每次预案启动、演练后对应急预案进行评审，结合项目安全管理方案对应急预案进行评估。在紧急情况发生并处置后，应收集相关信息，分析紧急情况发生的原因，并检查紧急情况应急救援预案各方面的有效性，以利于事故应急预案的进一步修改、补充和更新。评审由项目经理组织小组各成员、项目专职安全员、各专业分包的安全员及必要的相关人员实施，并保存评估的记录。

安全应急预案评估重点是评估预案中的应急措施准备、人员配备及响应措施的有效性和适宜性，特别是对人员抢救能力及绩效的评估。

1. 评审标准

应急预案评审的目的是确保预案能反映其适用区域当前经济、土地使用、技术发展、应急能力、危险源、危险物品使用、法律及地方法规、道路建设、人口、应急电话以及企业地址等方面的最新变化，确保应急预案与当前应急响应技术和应急能力相适应。

评审人员可从应急预案的完整性、准确性、可读性、法律法规的符合性、兼容性和可操作性六个方面进行判断。

（1）完整性

应急预案内容应完整，包含实施应急响应行动所需的所有基本信息。应急预案的完整性主要体现在：

1）功能（职能）完整。应急预案中应说明有关部门应履行的应急响应职能和应急准备职能，说明为确保履行这些职能而应履行的支持性职能。应急响应支持职能包括：通信，通知，数据传递，公众信息准备、发布与控制，气象、海洋观测和预报服务，文秘与记录，交通管制，治安保卫，应急医疗卫生服务，应急响应工作人员的辐射防护，运输服务，人力支援和物资器材供应，其他后勤服务等。重大事故应急响应的核心功能和任务包括：接警与通知，指挥与控制，警报和紧急公告，通信，事态监测与评估，警戒与治安，人群疏散与安置，医疗与卫生，公共关系，应急人员安全，消防和抢险，泄漏物控制。应急预案中应对这些功能和职能进行描述或说明。

2）应急过程完整。应急管理一般可划分为应急预防（减灾）、应急准备、应急响应和应急恢复四个阶段。每一阶段的工作以前一阶段的工作为基础，目标是减轻辖区内紧急事故造成的冲击，把其影响降至最小，因此可能会涉及不同性质的应急计划（或预案），如减灾计划、行动计划、防灾计划和灾后恢复计划。重大事故应急预案至少应涵盖上述四个阶段，尤其是应急准备和应急响应阶段，应急计划应全面说明此两个阶段的有关应急事项。对事故现场进行短期恢复，例如恢复基础设施的"生命线"，供水、供电、供气或疏通道路等以方便救援，此类行动是应急响应的自然延伸，自然也应包括在应急计划中。此外，由于短期恢复状况会影响减灾策略的实施，因此，应急计划中又必然涉及有关减灾策略的内容。

3）适用范围完整。应急预案中应阐明该预案的适用地理范围。应急预案的适用范围不仅仅指在本区域或企业内发生事故时，应启动预案，其他区域或企业发生事故，也有可能作为该预案启动的条件。即针对不同事故的性质，可能会对预案的适用区域进行扩展。

（2）准确性

应急预案准确性指预案中所包含各类基本信息的准确性，基本信息的准确性主要体现在：

1）通信信息准确。应急预案中应包括有关通信系统和通信联络方式的准确信息。重大事故应急期间，如何保障整个应急响应期间通信畅通，如何以最快的速度，准确无误地把事故的主要情况报告有关部门，通知各级应急组织和人员，并在适当时机向公众发布必要信息，以便及时有效地采取应急响应行动，是接警与通知、指挥与控制、警报和紧急公告、通信等应急功能的主要任务。

2）职责描述准确。应急预案中应列出在重大事故应急救援中承担相关职责的所有应急机构和部门、负责人，准确说明其在应急准备、应急响应和应急恢复各个阶段中的职责。职责明确是保证应急救援工作反应迅速、协调有序的关键，尤其是当两个或多个机构、部门、组织执行同一种任务时，其中一个组织应承担主要责任，其他组织则承担辅助责任。为避免混淆，应急预案中必须清晰地列举责任单位的名称及其责任范围（包括职能），标明承担主要责任和辅助责任的单位。

3）适用危险性质及种类明确。由于可能面临的事故风险多种多样，如地震、火灾、水灾、危险物质泄漏、长时间停电等，因此，应急管理部门应合理组织各类预案，避免预案之间相互孤立、交叉和矛盾，明确各类预案所针对的危险性质和种类。一般来说，应急预案应在全面系统地分析、评价所适用区域潜在事故性质、脆弱性和风险水平的基础上，明确应急准备、响应和恢复阶段有关事项的安排。

（3）可读性

应急预案应当包含应急所需的所有基本信息，这些信息如果组织不善可能会影响预案执行的有效性，因此预案中信息的组织应有利于使用获取的信息，具备相当的可读性。预案的可读性主要体现在：

1）易于查询。应急预案中信息的组织方式应有利于使用者查询。总体上讲，应急预案中信息的组织应有助于使用者找到他们所需要的信息，各章节组成部分阅读起来较为连贯，使用者能够较为轻便地掌握章节安排的基本原理，查询到所需要的信息。

2）语言简洁，通俗易懂。应急预案编写人员应使用规范语言表述预案内容，并尽可能使用诸如地图、曲线图、表格等多种信息表现形式，使所编制的应急预案语言简洁，通俗易懂。例如，美国国家应急队（NRT）在其提出的整合型应急预案（ICP）思想时，就要求使用简洁的语言描述核心预案（Core Plan）的内容。应急预案中应主要采用当地官方语言文字描述，必要时补充当地其他语种；尽量引用普遍接受的原则、标准和规程，对于那些对编制应急预案有重要作用的依据应列入预案附录；高度专业化的技术用语或信息应采用有利于使用者理解的方式说明。应急预案中语言简洁，并不等于有关内容不需重复说明，事实上，为确保使用者迅速了解有关内容，应急预案中的相关内容可以重复说明，但重复的内容不得前后相悖。

3）层次及结构清晰。应急预案应有清晰的层次和结构。正如前文所述，由于面临的潜在灾害类型多样，影响区域也各有所不同，因此，应急管理部门应根据不同类型事故或灾害的特点和具体场所合理组织各类预案，对于应急预案的结构问题，美国原联邦紧急事务管理局（FEMA）曾在其《综合风险应急预案编制指南》中提出一种基于功能的应急预案总体结构，即应急预案由基本预案、职能附件、特殊危险附件、标准操作程序和执行应急预案所需的其他核查表组成。美国国家应急队提出整合型应急预案由预案导入要素、核心预案要素、附件三部分组成，其中核心预案主要说明启动、处理、终止应急响应行动的关键步骤，要素主要包括发现、初次响应、持续行动、终止和后续措施，附件用于为支持应急响应行动提供支持性信息，主要包括应急设施和地方信息、通知、响应管理体系、事件文件化、培训和演练、预案评审和修改过程、预防、法规符合性和交叉引用文件等。

（4）法律法规的符合性

应急预案中的内容应符合国家相关法律、法规、国家标准的要求。美国国家应急队提出的整合型应急预案结构中就包括一个有关法规符合性和交叉引用文件的附件，该附件中要求包含必要信息，以便预案评审人员确定该预案是否符合相关的要求。原联邦紧急事务管理局要求基本计划中应说明应急行动和活动的法律依据，并列出与紧急事件相关的法律、法令、条例、行政命令、规章以及正式协议等。我国有关生产安全应急预案的编制工作的法律法规包括《安全生产法》《危险化学品安全管理条例》《职业病防治法》《建筑安全管理条例》等，因此，编制生产安全应急预案必须遵守这些法律法规的规定，并参考其他灾种（如洪涝、地震、核辐射事故等）的法律法规。

（5）兼容性

重大事故应急预案应与其他相关应急预案协调一致、相互兼容。其他预案的范围包括：上级应急预案，如政府、主管部门应急预案；下级应急预案，如企业的场内应急预案；相邻企业的应急预案；本地其他灾种的应急预案，如防洪预案。美国国家应急队《危险物品应急预案评审标准》中要求：说明本地各类有关危险物品的应急预案之间的关系；说明本地工厂的场内应急预案与该预案的配合方法；说明本辖区应急预案与州应急预案的关系；说明本辖区应急预案、应急响应活动与国家应急预案、应急响应活动的关系。显然，重大事故应急预案也应说明与相关预案的关系问题。

（6）可操作性或实用性

应急预案具有实用性或可操作性。即发生重大事故灾害时，有关应急组织、人员可以按照应急预案的规定迅速、有序、有效地开展应急与救援行动，降低事故损失。为确保应急预案实用、可操作，重大事故应急预案编制机构应充分分析、评估本地可能存在的重大危险及其后果，并结合自身应急资源、能力的实际，对应急过程的一些关键信息，如潜在重大危险及后果、支持保障条件、决策、指挥与协调机制等进行详细而系统的描述。同时，各责任方应确保重大事故应急所需的人力、设施和设备、财政支持，以及其他必要资源供应。

2. 评审类型

在重大危险源潜在事故及事故后果的分析基础上，就可着手进行事故应急救援预案的编制。事故应急救援预案主要有以下内容：应急预案草案应经过所有要求执行该预案的机构或为预案执行提供支持的机构的评审。同时，应急预案作为重大事故应急管理工作的规范文件，一经发布，就具有相当权威性。因此，应急管理部门或编制单位应通过预案评审过程不断地更新、完善和改进应急预案文件体系。评审过程应相对独立。根据评审性质、评审人员和评审目标的不同，将评审过程分为内部评审和外部评审两类，见表 3—5。

表 3—5   应急预案评审类型

评审类型		评审人员	评审目标
内部评审		预案编写成员	（1）确保预案语句通畅 （2）确保应急预案内容完整
外部评审	同行评审	具备与编制成员类似资格或专业背景的人员	听取同行对应急预案的客观意见
	上级评审	对应急预案负有监督职责的个人或组织机构	对预案中要求的资源予以授权和做出相应的承诺
	社区评议	社区公众、媒体	（1）改善应急预案完整性 （2）促进公众对预案的理解 （3）促进预案为各社区接受
	政府评审	政府部门组织的有关专家	（1）确认该预案符合相关法律、法规、规章、标准和上级政府有关规定的要求 （2）确认该预案与其他预案协调一致 （3）对该预案进行认可，并予以备案

（1）内部评审

内部评审是指编制小组内部组织的评审。应急预案编制单位应在写预案初稿工作完成之后，组织编写成员对预案内部评审，内部评审不仅要确保语句通畅，更重要的是评估应急预案的完整性。编制小组可以对照检查表检查各自的工作或评审整个应急预案。如果编制的是特殊风险预案，编制小组应同时对基本预案、标准操作程序和支持附件进行评审，以获得全面的评估结果，保证各种类型预案之间的协调性和一致性。内部评审工作完成之后，应对应急预案进行修订并组织外部评审。

（2）外部评审

外部评审是预案编制单位组织本城或外埠同行专家、上级机构、社区及有关政府部门对预案进行评议的评审。外部评审的主要作用是确保应急预案中规定的各项权力法制化，确保应急预案被所有部门接受。根据评审人员的不同，可分为同行评审、上级评审、社区评议和政府评审四类。

1）同行评审。应急预案经内部评审并修订完成之后，编制单位应邀请具备与编制成员类似资格或专业背景的人员进行同行评审，以便对应急预案提出客观意见。此类人员一般包括：

①各类工业企业及管理部门的安全、环保专家，或应急救援服务部门的专家。

②其他有关应急管理部门或支持部门的专家（如消防部门、公安部门、环保部门和卫生部门的专家）。

③本地区熟悉应急响应工作的其他专家。

2）上级评审。上级评审是指由预案编制单位将所起草的应急预案交由其上一级组织机构进行的评审，一般在同行评审及相应的修订工作完成之后进行。重大事故应急响应过程中，需要有足够的人力、装备（包括个体防护设备）、财政等资源的支持，所有应急功能（职能）的责任方应确保上述资源保持随时可用状态。实施上级评审的目标是确保有关责任人或组织机构对预案中要求的资源予以授权和做出相应的承诺。

3）社区评议。社区评议是指在应急预案审批阶段，预案编制单位组织公众对应急预案进行评议。公众参与应急预案评审不仅可以改善应急预案的完整性，也有利于促进公众对预案的理解，使其被周围各社区正式接受，从而提高应对危险物品事故的有效预防。经济合作与发展组织（OECD）、美国国家应急队、原联邦紧急事务管理局均在各自有关预案编制的指南性材料中提出社区、新闻媒体应参与预案编制过程。公众参与应急预案评议过程的形式可包括：

①召开社区代表讨论会，即预案编制单位组织社区代表讨论会，由编制小组向公众介绍应急预案并回答各社区代表提出的问题。

②发布社区评议公告，即预案编制单位在当地报刊、网站等媒

体上发布应急预案，为相关社会团体、个人提供发表意见的机会。

③举行公开会议，即预案编制单位举行公开会议，邀请普通公众与会并给予提供发表意见或建议的机会。

④邀请公众参与评审，即预案编制单位或编制小组邀请普通公众代表参与同行评审或上级评审过程。

⑤组成社区应急预案咨询委员会，即由社区相关团体组成一定规模的咨询委员会，对预案编制单位或编制小组的工作实施独立评审和评议。

4）政府评审。政府评审是指由城市政府部门组织有关专家对编制单位所编写的应急预案实施审查批准，并予以备案的过程。政府对于重大事故应急准备或响应过程的管理不仅体现在制定有关场内、场外应急预案编制指南或规范性指导文件上，还应参与应急预案的评审过程，如经济合作与发展组织（OECD）要求场内、场外应急预案都应经过政府当局的评审。政府评审的目的是确认该预案符合相关法律、法规、规章、标准和上级政府有关规定的要求，并与其他预案协调一致。一般来说，城市政府部门对应急预案评审后，应通过颁布法规、规章、规范性文件等形式对该预案进行认可和备案，如《中国海上船舶溢油应急计划》规定，中国海上船舶溢油应急计划和海区溢油应急计划由国家海事行政主管部门负责组织修订；港口水域溢油应急计划由港口所在地的海事行政主管机构负责组织修订，报告国家海事行政主管部门备案。

3. 评审时机

应急预案评审时机是指应急管理机构、组织应在何种情况下，何时或间隔多长时间对预案实施评审、修订。对此，国内外相关法规、预案一般都有较为明确的规定或说明。

综上所述，重大事故应急预案的评审、修订时机和频次可以遵循如下规则：

（1）定期评审、修订。定期评审、修订的周期可确定为一年，即每年评审、修订一次应急预案。

（2）随时针对培训和演习中发现的问题对应急预案实施评审、修订。

（3）评审重大事故灾害的应急过程，吸取相应的经验和教训，修订应急预案。

（4）国家有关应急的方针、政策、法律、法规、规章和标准发生变化时，评审、修订应急预案。

（5）危险源有较大变化时，评审、修订应急预案。

（6）根据应急预案的规定，评审、修订应急预案。

4．评审项目

为确保应急预案内容完整、信息准确，符合国家有关法律法规的要求，并具有可读性和实用性，一些发达国家和国际性组织有关应急预案编制指南性材料中，都十分强调预案评审或评价的作用，部分资料更是对预案评审的项目及各项目的评价指标进行较为详尽的描述。

美国国家应急队 1988 年颁布的《危险物品应急预案评审标准》（NRT－1A）中按照该组织《危险物品应急预案编制指南》（NRT－1，1987 年出版，2001 年修订）中提出的应急预案格式，提出 29 个评审项目。

2001 年，美国国家应急队对《危险物品应急预案编制指南》进行了修订，修订后的指南附件 D 提出评价州或地区危险物品应急准备方案的六类准则，即危险分析、权力机构、组织结构、通信、资源和应急预案编制。这六类准则所包含的基本要素除用于评价应急准备方案外，也可用于评价州和地方的应急预案。

结合我国重大事故应急准备工作实际，对比分析上述有关国家和国际组织对应急预案编制和评审工作提出的要求和相关资料，重大事故应急预案评审可参考如下 4 组 31 个评审项目，见表 3—6。

表 3—6　　　　　　　　　　　　　应急预案评审项目

应急预案类别	评审项目	评审结果	备注
A 基本预案评审	A1 预案发布 A2 应急组织机构署名 A3 术语与定义 A4 相关法律法规 A5 方针与原则 A6 危险分析 A7 应急资源 A8 机构与职责 A9 教育、培训与演练 A10 与其他应急预案关系 A11 互助协议 A12 预案管理		
B 应急功能设置评审	B1 接警与通知 B2 指挥与控制 B3 警报和紧急公告 B4 通信 B5 事态监测与评估 B6 警戒与管制 B7 人群疏散 B8 人群安置 B9 医疗与卫生 B10 公共关系 B11 应急人员安全 B12 消防和抢险 B13 泄漏物控制 B14 现场恢复		
C 特殊风险管理	C1 特殊风险 C2 特殊风险应急功能设置		
D 标准操作程序	D1 标准操作程序编制 D2 标准操作程序格式 D3 标准操作程序内容		

七、应急预案的改进与修订

对应急预案进行评估或按照既定的应急预案进行现场实际测试后，应根据评估结果和实际响应效果，对应急准备的充分性和应急响应的及时性、准确性和有效性进行评审，找出应急准备和响应过程中存在的不足和问题，采取修订完善、加强教育培训措施，改进应急准备和响应过程。必要时增加评估或测试的频次，提高评估或测试的效果，以便更好地发挥防止和减少紧急情况造成伤害和损失的作用。

当预案更改的内容变化较大、累计修改处较多，或已达到预案修订期限时，则应对预案进行重新修订。预案的修订过程应采取与预案编制相同的过程，包括从成立预案编制小组到预案的评审、批准和实施全过程。预案经修订重新发布后，应按原预案发放登记表，收回旧版本预案，发放新版本预案并进行登记。

无论企业规模大小，应急预案本身都应简单明了。每个应急功能的详细指南可放在预案附录中。

应该注意的是预案中必须包括所有的基本要素，而应急预案的格式则可以随企业不同而变化。

第三节　建筑企业危险源分类与危险分析

一、危险辨识

尽管组织千差万别，但如果能够通过事先对危险、有害因素的辨识，找出可能存在的危险、危害因素，就能够对所存在的危险、危害因素采取相应的措施（如修改设计，增加安全设施等），从而可以大大改善组织的安全状况，避免事故的发生。

要调查所有的危险并进行详细的分析是不可能的。危险识别的目的是将可能存在的重大危险因素识别出来，作为下一步危险分析的对象。危险识别应分析地理、气象等自然条件，施工和运输、商贸、公共设施等的具体情况，总结历史上曾经发生的重大事故，来识别出可能发生的自然灾害和重大事故。危险识别还应符合国家有关法律法规和标准的要求。在进行危险、有害因素的辨识时，要全面、有序地进行辨识，防止出现漏项，宜按厂址、总平面布置、道路运输、建（构）筑物、生产工艺、物流、主要设备装置、作业环境、安全管理措施等几方面进行。辨识的过程实际上就是企业进行安全分析的过程。

1. 危险辨识的主要内容

（1）厂址及环境条件

从厂址的工程地质、地形地貌、水文、气象条件、周围环境、交通运输条件、自然灾害、消防支持等方面进行分析、辨识。

（2）厂区平面布局

1）总图。功能分区（生产、管理、辅助生产、生活区）布置；高温、有害物质、噪声、辐射、易燃、易爆、危险品设施布置；工艺流程布置；建筑物、构筑物布置；风向、安全距离、卫生防护距离等。

2）运输线路及码头。厂区道路、厂区铁路、危险品装卸区、厂区码头等。

（3）道路及运输

从运输、装卸、消防、疏散、人流、物流、平面交叉运输和竖向交叉运输等方面进行分析、辨识。

（4）建（构）筑物

从厂房的生产火灾危险性分类，耐火等级、结构、层数、占地面积、防火间距、安全疏散等方面进行分析、辨识。

从库房储存物品的火灾危险性分类，耐火等级、结构、层数、占地面积、安全疏散、防火间距等方面进行分析、辨识。

（5）工艺过程

1）对新建、改建、扩建项目设计阶段危险、有害因素的辨识应从以下六个方面进行：

①对设计阶段是否通过合理的设计，尽可能从根本上消除危险、有害因素的发生进行考查。

②当消除危险、有害因素有困难时，对是否采取了预防性技术措施来预防或消除危险、危害的发生进行考查。

③当无法消除危险或危险难以预防的情况下，对是否采取了减少危险、危害的措施进行考查。

④当在无法消除、预防、减弱的情况下，对是否将人员与危险、有害因素隔离等进行考查。

⑤当操作者失误或设备运行一旦达到危险状态时，对是否能通过联锁装置来终止危险、危害的发生进行考查。

⑥在易发生故障和危险性较大的地方，对是否设置了醒目的安全色、安全标志和声、光警示装置等进行考查。

2）针对行业和专业的特点进行危险有害因素的辨识。可利用各行业和专业制定的安全标准、规程进行分析、辨识。例如原劳动部曾会同有关部委制定了建筑行业的安全规程、规定，评价人员应根据这些规程、规定、要求对被评价对象可能存在的危险、有害因素进行分析和辨识。

3）根据典型的单元过程（单元操作）进行危险有害因素的辨识。典型的单元过程是各行业中具有典型特点的基本过程或基本单元。这些单元过程的危险、有害因素已经归纳总结在许多手册、规范、规程和规定中，通过查阅均能得到。这类方法可以使危险、有害因素的辨识比较系统，避免遗漏。

（6）生产设备、装置

对于工艺设备可从高温、低温、高压、腐蚀、振动、关键部位的备用设备、控制、操作、检修和故障、失误时的紧急异常情况等方面进行辨识。

对机械设备可从运动零部件和工件、操作条件、检修作业、误运转和误操作等方面进行辨识。

对电气设备可从触电、断电、火灾、爆炸、误运转和误操作、静电、雷电等方面进行辨识。

还应注意辨识高处作业设备、特殊单体设备（如锅炉房、乙炔站、氧气站）等的危险、有害因素。

（7）作业环境

注意辨识存在毒物、噪声、振动、高温、低温、辐射、粉尘及其他有害因素的作业部位。

（8）安全管理措施

可以从安全生产管理组织机构、安全生产管理制度、事故应急预案、特种作业人员培训、日常安全管理等方面进行辨识。

2. 危险辨识与风险评价的程序

危险辨识与风险评价程序如图3—5所示。

3. 危险辨识的结果和注意事项

在进行危险辨识时，要特别注意危险、危害因素的分布，伤害（危害）方式和途径，主要危险、危害因素及重大危险、危害因素四个方面的辨识，辨识结果要形成辨识清单。

二、风险分析

风险分析是根据脆弱性分析的结果，评估事故或灾害发生时，对城市造成破坏（或伤害）的可能性，以及可能导致的实际破坏（或伤害）程度。通常可能会选择对最坏的情况进行分析。风险分析可以提供下列信息：

（1）发生事故和环境异常（如洪涝）的可能性，或同时发生多

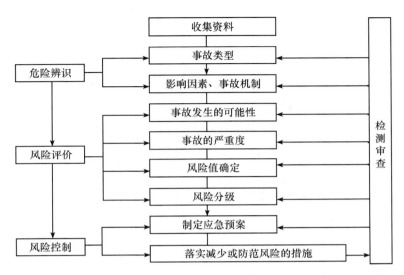

图 3—5 危险辨识与风险评价程序

表 3—7   危险辨识清单

序号	辨识结果
1	可燃材料清单
2	毒物材料和副产品清单
3	危险反应清单
4	易燃物品及清单
5	系统危险清单，如毒性、可燃性等
6	危险设备、设施场所清单
7	重大危险源（危险因素）清单
8	需要制定事故应急预案的场所、设备、设施、岗位清单

种紧急事故的可能性。

（2）对人造成的伤害类型（急性、延时或慢性的）和相关的高
危人群。

（3）对财产造成的破坏类型（暂时、可修复或永久的）。

（4）对环境造成的破坏类型（可恢复或永久的）。

要做到准确分析事故发生的可能性是不太现实的，一般不必过多地将精力集中到对事故或灾害发生的可能性进行精确的定量分析上，可以用相对性的词汇（如低、中、高）来描述发生事故或灾害的可能性，但关键是要在充分利用现有数据和技术的基础上进行合理的评估。

第四节　施工现场危险源和环境因素的识别

一、危险源及环境因素识别的方法

1. 危险源识别方法

识别施工现场危险源方法有许多，如现场调查、工作任务分析、安全检查表、危险与可操作性研究、事件树分析、故障树分析等，项目管理人员主要采用现场调查的方法。

（1）现场调查方法

通过询问交谈、现场观察、查阅有关记录，获取外部信息，加以分析研究，可识别有关的危险源。

（2）工作任务分析

通过分析施工现场人员工作任务中所涉及的危害，可识别出有关的危险源。

（3）安全检查表

运用编制好的安全检查表，对施工现场和工作人员进行系统的安全检查，可识别出存在的危险源。

（4）危险与可操作性研究

危险与可操作性研究是一种对工艺过程中的危险源实行严格审

查和控制的技术。它是通过指导语句和标准格式寻找工艺偏差，以识别系统存在的危险源，并确定控制危险源风险的对策。

（5）事件树分析（ETA）

事件树分析是一种从初始原因事件起，分析各环节事件"成功（正常）"或"失败（失效）"的发展变化过程，并预测各种可能结果的方法，即时序逻辑分析判断方法。应用这种方法，通过对系统各环节事件的分析，可识别出系统的危险源。

（6）故障树分析（FTA）

故障树分析是一种根据系统可能发生的或已经发生的事故结果，去寻找与事故发生有关的原因、条件和规律。通过这样一个过程分析，可识别出系统中导致事故的有关危险源。上述几种危险源识别方法从分析过程上，都有其各自特点，也有各自的适用范围或局限性。因此，项目管理人员在识别危险源的过程中，使用一种方法往往还不足以全面地识别其所存在的危险源，必须综合地运用两种或两种以上方法。

2. 环境因素识别的方法

（1）产品生命周期分析。

（2）物料测算。

（3）问卷调查。

（4）现场调查。

（5）专家咨询。

（6）水平对比。

（7）纵向对比。

（8）查阅文件和记录。

（9）测量。

二、现场调查方法介绍

1. 询问、交谈

对于施工现场的某项工作和作业有经验的人，往往能指出其工作和作业中的危险源与环境因素，从中可初步分析出该项工作和作业中存在的各类危险源与环境因素。

2. 现场观察

通过对施工现场作业环境的现场观察，可发现存在的危险源与环境因素，但要求从事现场观察的人员具有安全、环保技术知识，掌握建设工程安全生产、职业健康安全与环境的法律法规、标准规范。

3. 查阅有关记录

查阅企业的事故、职业病记录，可从中发现存在的危险源与环境因素。

4. 获取外部信息

从类似企业、类似项目、文献资料、专家咨询等方面获取有关危险源与环境因素的信息，加以分析研究，有助于识别本工程项目施工现场有关的危险源与环境因素。

5. 检查表

运用已编制好的检查表，对施工现场进行系统的安全、环境检查，可以识别出存在的危险源与环境因素。

三、危险源与环境因素识别应注意事项

1. 应充分了解危险源与环境因素的分布。从状态上，应考虑三种状态：一是正常状态，指固定、例行性且计划中的作业与程序；二是异常状态，指在计划中，但不是例行性的作业；三是紧急状态，指可能或已发生的紧急事件。

从时态上，应考虑到三种时态：过去，以往发生或遗留的问题；

现在，正在发生的，并持续到未来的问题；将来，不可预见什么时候发生且对安全和环境造成较大的影响。

从内容上，应包括涉及所有可能的伤害与影响，包括人为失误，物料与设备过期、老化、性能下降造成的问题。

2. 弄清危险源、环境因素伤害与影响的方式或途径。

3. 确认危险源、环境因素伤害与影响的范围。

4. 要特别关注重大危险源与重大环境因素，防止遗漏。

5. 对危险源与环境因素保持高度警觉，持续进行动态识别。

6. 充分发挥全体员工对危险源与环境因素识别的作用，广泛听取每一个员工，包括分包商、供应商的员工的意见和建议，必要时还可征求上级单位、设计单位、监理单位、专家、社会和政府主管部门的意见。

第五节　建筑企业生产事故风险分析及评价

一、建筑企业危险源与环境因素识别、评价和控制策划

1. 建筑企业危险源与环境因素识别、评价和控制策划的重要意义

建设工程施工安全控制的目的是控制和减少施工现场的施工安全风险和现场环境影响，实现安全目标，并持续改进安全业绩，实现事故预防。危险源与环境因素是导致事故的根源，因此，危险源与环境因素是建设工程施工安全控制的核心问题。

建设工程施工安全控制的基本思路是识别与施工现场相关的所有危险源与环境因素，评价出重大危险源与重大环境因素，并以此为基础，制定针对性的控制措施和管理方案，明确建立危险源与环

境因素识别、评价和控制活动与安全生产保证计划其他各要素之间的联系，对其实施进行控制，体现了系统的、主动的事故预防思想。危险源与环境因素的识别、评价和控制策划也是建立施工现场安全生产保证计划的一项主要工作内容。

2. 建筑企业危险源与环境因素识别、评价和控制策划的基本过程

对危险源安全风险和环境因素影响的控制是一个随施工进度而动态发展、不断更新的过程，需要建设工程项目全体员工的共同参与。

它通常由识别、评价、编制安全控制措施计划、实施控制措施计划和检查五个基本环节构成。在建设工程项目施工过程中应根据法律法规标准规范、施工方案、施工工艺、相关方要求与投诉的变化等内外客观情况的变化，以及检查是否有被遗漏的危险源、环境因素或者发现新的危险源、环境因素，项目管理人员应定期或不定期地及时对原有识别、评价和控制策划结果进行评审，必要时进行更新，不断地改进、补充和完善，并呈螺旋式上升。每经过一个循环过程，就需要制定新的安全目标和新的实施方案，使原有的安全生产保证计划不断完善，持续改进，达到一个新的运行状态。

因此，危险源与环境因素识别、评价和控制策划是一个不断动态循环、持续改进的过程。

3. 建筑企业危险源与环境因素识别、评价和控制策划的基本步骤

危险源与环境因素识别、评价和控制策划的基本步骤，主要包括：

（1）危险源与环境因素识别。识别与各类施工作业和管理业务活动有关的所有危险源与环境因素，考虑谁会受到伤害或影响，以及如何受到伤害或影响。因此，应对施工现场业务活动分类，编制一份施工现场业务活动表，其内容包括施工现场各类作业与管理业务活动涉及的场所、设施、设备、人员、工序、作业活动、管理活动，并收集有关信息。

（2）安全风险与环境因素影响的评价。在假定的计划（方案）或现有的控制措施适当的情况下，对与各项危险源与环境因素有关的安全风险与环境影响做出主观评价。评价人员应考虑控制的有效性以及控制失败所造成的后果。

（3）判定安全风险和环境影响的程度。判定假定的计划（方案）或现有的控制措施是否足以把危险源与环境因素控制住，并符合法律法规、标准规范和其他要求以及符合项目经理部自身的要求，据此对危险源与环境因素按安全风险和环境影响程度的大小进行分类，确定重大危险源与重大环境因素。

（4）编制安全风险与环境影响控制措施计划（方案）。针对评价中发现的重大危险源与重大环境因素，项目经理部应编制安全生产保证计划、控制措施计划、专项施工方案等，以处理需要重视的任何问题，并确保新的和现行的控制措施仍然适用和有效。

（5）评审控制措施计划（方案）的充分性。针对已修正的控制措施计划（方案），重新评价安全风险与环境影响，并检查安全风险与环境影响是否能足以把危险源与环境因素控制住，并符合法律法规、标准规范和其他要求以及符合项目经理部自身的要求。

（6）实施控制措施计划。对已经评审的控制措施计划（方案）具体落实到建设工程施工安全生产过程中。

（7）建设工程实施过程中，一方面要对各项安全风险与环境影响控制措施计划（方案）的执行情况不断地进行检查，并评审各项控制措施的执行效果；另一方面，在工程实施的内外条件发生变化时，要确定是否需要提出不同的控制措施处理方案。此外，还需要检查是否有被遗漏的危险源、环境因素或者发现新的危险源、环境因素，当发现新的危险源、环境因素时，就要进行新的危险源、环境因素的识别、评价和控制策划。

二、危险源的分类

按各种危险源在事故发生发展过程中的作用或特征进行分类，这有利于危险源的识别工作。

1. 按危险源在事故发生发展过程中的作用分类

根据能量意外释放理论，能量或危险物质的意外释放是伤亡事故发生的物理本质。于是，把生产过程中存在的、可能发生意外释放的能量（能源或能量载体）或危险物质称作第一类危险源。

第一类危险源产生的根源是能量与有害物质。当系统具有的能量越大，存在的有害物质数量越多，系统的潜在危险性和危害性也就越大。

施工现场生产的危险源是客观存在的，这是因为在施工过程中需要相应的能量和物质。施工现场中所有能产生、供给能量的能源和载体在一定条件下都可能释放能量而造成危险，这是最根本的危险源；施工现场中有害物质在一定条件下能损伤人体的生理机能和正常代谢功能，破坏设备和物品的效能，它也是最根本的危险源。为了防止第一类危险源导致事故，必须采取措施约束、限制能量或危险物质，控制危险源。

正常情况下，生产过程中的能量或危险物质受到约束或限制，不会发生意外释放，即不会发生事故。但是，一旦这些约束或限制能量或危险物质的措施受到破坏或失效（故障），则将发生事故。导致能量或危险物质约束或限制措施破坏或失效的各种因素称作第二类危险源。

第二类危险源主要包括物的故障、人的失误和环境因素。

（1）物的故障

物包括机械设备、设施、装置、工具、用具、物质、材料等。根据物在事故发生中的作用，可分起因物和致害物两种。起因物是指导致事故发生的物体或物质，致害物是指直接引起伤害或中毒的物体或物质。

物的故障是指机械设备、设施、装置、元部件等在运行或使用过程中由于性能（含安全性能）低下而不能实现预定的功能（包括安全功能）时产生的现象。不安全状态是存在于起因物上的，是使事故能发生的不安全的物体条件或物质条件。从安全功能的角度，物的不安全状态也是物的故障。物的故障可能是由于设计、制造缺陷造成的；也可能由于安装、搭设、维修、保养、使用不当或磨损、腐蚀、疲劳、老化等原因造成；也可能由于认识不足、检查人员失误、环境或其他系统的影响等造成的。但故障发生的规律是可知的，通过定期检查、维修保养和分析总结可使多数故障在预定期间内得到控制（避免或减少）。因此，掌握各类故障发生的规律和故障率是防止故障发生造成严重后果的重要手段。发生故障并导致事故发生的这种危险源，主要表现在发生故障、错误操作时的防护、保险、信号等装置缺乏、缺陷；设备、设施在强度、刚度、稳定性、人机关系上有缺陷等。例如安全带及安全网质量低劣为高处坠落事故提供了条件；超载限制或高度限位安全装置失效使钢丝绳断裂、重物坠落；电线和电气设备绝缘损坏、漏电保护装置失效造成触电伤人，都是物的故障引起的危险源。

（2）人的失误

人的失误是指人的行为结果偏离了被要求的标准，即没有完成规定功能的现象。人的不安全行为也属于人的失误。人的失误会造成能量或危险物质控制系统故障，使屏蔽破坏或失效，从而导致事故发生。广义的屏蔽是指约束、限制能量，防止人体与能量接触的措施。

人的失误包括人的不安全行为和管理失误两个方面。

1）人的不安全行为。人的不安全行为是指违反安全规则或安全原则，使事故有可能或有机会发生的行为。违反安全规则或安全原则包括违反法律、法规、标准、规范、规定，也包括违反大多数人都知道并遵守的不成文的安全原则，即安全常识。

根据《企业伤亡事故分类标准》（GB 6441—1986），人的不安全行为包括：操作错误，忽视安全，忽视警告；造成安全装置失效；使用不安全设备；手代替工具操作；物体存放不当；冒险进入危险场所；攀、坐不安全位置；在起吊物下作业、停留；机器运转时加油、修理、检查、调整等工作；有分散注意力行为；在必须使用个人防护用具的作业或场合中，忽视其使用；不安全装束；对易燃、易爆等危险物品处理错误。例如，在起重机的吊钩下停留，不发信号就启动机器；吊索具选用不当，吊物绑挂方式不当，使钢丝绳断裂，吊物失稳坠落；拆除安全防护装置等都是人的不安全行为。人的不安全行为可以是本不应做而做了某件事，可以是本不应该这样做（应该用其他方式做）而这样做的某件事，也可以是应该做某件事但没做成。

有不安全行为的人可能是受伤害者，也可能不是受伤害者。不能仅仅因为行为是不安全的就定为不安全行为。例如高处作业有明显的安全风险，然而，这些安全风险通过采取适当的预防措施可以克服。因此，这种作业不应被认为是不安全行为。

2）管理失误。管理失误表现在以下方面：

①对物的管理失误。有时称技术上的缺陷（原因），包括技术、设计、结构上有缺陷，作业现场、作业环境的安排设置不合理等缺陷，防护用品缺少或有缺陷等。

②对人的管理失误。包括教育、培训、指示、对施工作业任务和施工作业人员的安排等方面的缺陷或不当。

③对管理工作的失误。包括施工作业程序、操作规程和方法、工艺过程等的管理失误，安全监控、检查和事故防范措施等的管理失误，对采购安全物资的管理失误等。

（3）环境因素

人和物存在的环境，即施工生产作业环境中的温度、湿度、噪声、振动、照明或通风换气等方面的问题，会促使人的失误或物的故障的发生。环境因素包括：

1）物理因素。噪声、振动、温度、湿度、照明、风、雨、雪、视野、通风换气、色彩等物理因素可能成为危险。

2）化学因素。爆炸性物质、腐蚀性物质、可燃液体、有毒化学品、氧化物、危险气体等化学因素。化学性物质的形式有液体、粉尘、气体、蒸气、烟雾、烟等。化学性物质可通过呼吸道吸入、皮肤吸收、误食等途径进入人体。

3）生物因素。细菌、真霉菌、昆虫、病毒、植物、原生虫等生物因素，感染途径有食物、空气、唾液等。

一起事故的发生往往是两类危险源共同作用的结果所造成的。两类危险源相互关联、相互依存。第一类危险源的存在是事故发生的前提，在事故发生时释放出的能量是导致人员伤害或财物损坏的能量主体，决定事故后果的严重程度；第二类危险源是第一类危险源造成事故的必要条件，决定事故发生的可能性。因此，危险源识别的首要任务是识别第一类危险源，在此基础上再识别第二类危险源。

2. 职业伤害事故统计按国家标准分类

我国职业伤害事故统计按国家标准 GB 6441—1986《企业职工伤亡事故分类》将伤害事故划分为如下二十个类别：

（1）物体打击

物体打击指失控物体的惯性力造成的人身伤害事故。

适用于落下物、飞来物、滚石、崩块所造成的伤害。如林区伐木作业的"回头棒""挂枝"伤害，打桩作业锤击等，都属于此类伤害，但不包括因爆炸引起的物体打击。

（2）车辆伤害（本企业机动车辆引起的机械伤害）事故

适用于机动车辆在行驶中的挤、压、撞车或倾覆等事故，以及在行驶中上下车，搭乘矿车或放飞车，车辆运输挂钩事故，跑车事故。

（3）机械伤害

机械伤害指机械设备与工具引起的绞、碾、碰、割、戳、切等伤害。如工件或刀具飞出伤人，切屑伤人，手或身体被卷入，手或其他部位被刀具碰伤，被转动的机构缠压住等，但属于车辆、起重设备的情况除外。

（4）起重伤害

起重伤害指从事起重作业时引起的机械伤害事故。

适用于各种起重作业。包括：桥式类型起重机，如龙门起重机、缆索起重机等；臂架式类型起重机，如门座起重机、塔式起重机、悬臂起重机、桅杆起重机、铁路起重机、履带起重机、汽车和轮胎起重机等；升降机，如电梯、升船机、货物升降机等；轻小型起重设备，如千斤顶、滑车、葫芦（手动、气动、电动）。

例如，起重作业时，脱钩砸人，钢丝绳断裂抽人，移动吊物撞人，绞入钢丝绳或滑车等伤害。同时包括起重设备在使用、安装过程中的倾翻事故及提升设备过卷、蹲罐等事故。

不适用于下列伤害：触电；检修时制动失灵引起的伤害；上下驾驶室时引起的坠落或跌倒。

（5）触电

触电指电流流经人体，造成生理伤害的事故。

适用于触电、雷击伤害。如人体接触带电的设备金属外壳、裸露的临时线、漏电的手持电动工具，起重设备误触高压线或感应带电，雷击伤害，触电坠落等事故。

（6）淹溺

淹溺指因大量水经口、鼻进入肺内，造成呼吸道阻塞，发生急性缺氧而窒息死亡的事故。

（7）灼烫

灼烫指强酸、强碱溅到身体引起的灼伤；或因火焰引起的烧伤；

高温物体引起的烫伤；放射线引起的皮肤损伤等事故。

适用于烧伤、烫伤、化学灼伤、放射性皮肤损伤等伤害。不包括电烧伤以及火灾事故引起的烧伤。

（8）火灾

火灾指造成人身伤亡的企业火灾事故。

不适用于非企业原因造成的火灾，比如，居民火灾蔓延到企业，此类事故属于消防部门统计的事故。

（9）高处坠落

高处坠落指由于危险重力势能差引起的伤害事故。

适用于脚手架、平台、陡壁施工等高于地面的坠落；也适用于由地面踏空失足坠入洞、坑、沟、升降口、漏斗等情况。但排除以其他类别为诱发条件的坠落。如高处作业时，因触电失足坠落应定为触电事故，不能按高处坠落划分。

（10）坍塌

坍塌指建筑物、构筑物、堆置物等倒塌以及土石塌方引起的事故。

适用于因设计或施工不合理而造成的倒塌，以及土方、岩石发生的塌陷事故。如建筑物倒塌，脚手架倒塌；挖掘沟、坑、洞时土石的塌方等情况。

不适用于矿山冒顶片帮事故，或因爆炸、爆破引起的坍塌事故。

（11）冒顶片帮

矿井工作面、巷道侧壁由于支护不当、压力过大造成的坍塌，称为片帮；顶板垮落为冒顶。二者常同时发生，简称为冒顶片帮。

适用于矿山、地下开采、掘进及其他坑道作业发生的坍塌事故。

（12）透水

透水指矿山、地下开采或其他坑道作业时，意外水源带来的伤亡事故。

适用于井巷与含水岩层、地下含水带、溶洞或与被淹巷道、地面水域相通时，涌水成灾的事故。不适用于地面水害事故。

113

（13）放炮

放炮指施工时，放炮作业造成的伤亡事故。

适用于各种爆破作业。如采石、采矿、采煤、开山、修路、拆除建筑物等工程进行的放炮作业引起的伤亡事故。

（14）瓦斯爆炸

瓦斯爆炸是指可燃性气体瓦斯、煤尘与空气混合形成了浓度达到燃烧极限的混合物，接触火源时，引起的化学性爆炸事故。

主要适用于煤矿，同时也适用于空气不流通，瓦斯、煤尘积聚的场所。

（15）火药爆炸

火药爆炸指火药与炸药在生产、运输、储藏的过程中发生的爆炸事故。

适用于火药与炸药在配料生产、运输、储藏、加工过程中，由于振动、明火、摩擦、静电作用，或因炸药的热分解作用，储藏时间过长或因存药过多发生的化学性爆炸事故；以及熔炼金属时，废料处理不净，残存火药或炸药引起的爆炸事故。

（16）锅炉爆炸

锅炉爆炸指锅炉发生的物理性爆炸事故。

适用于使用工作压力大于 0.7 个大气压、以水为介质的蒸汽锅炉（以下简称锅炉），但不适用于铁路机车、船舶上的锅炉以及列车、电站或船舶电站的锅炉。

（17）容器爆炸

容器（压力容器的简称）是指比较容易发生事故，且事故危害性较大的承受压力载荷的密闭装置。容器爆炸是压力容器破裂引起的气体爆炸，即物理性爆炸，包括容器内盛装的可燃性液化气，在容器破裂后，立即蒸发，与周围的空气混合形成爆炸性气体混合物，遇到火源时产生的化学爆炸，也称容器的二次爆炸。

（18）其他爆炸

凡不属于上述爆炸的事故均列为其他爆炸事故。

1）可燃性气体与空气混合形成的爆炸，可燃性气体如煤气、乙炔、氢气、液化石油气，在通风不良的条件下形成爆炸性气体混合物，引起的爆炸。

2）可燃蒸气与空气混合形成的爆炸性气体混合物如汽油挥发引起的爆炸。

3）可燃性粉尘如铝粉、镁粉、锌粉、有机玻璃粉、聚乙烯塑料粉、面粉、谷物淀粉、糖粉、煤尘、木粉，以及可燃性纤维，如麻纤维、棉纤维、醋酸纤维、脂纶纤维、涤纶纤维、锦纶纤维等与空气混合形成的爆炸性气体混合物引起的爆炸。

4）间接形成的可燃气体与空气相混合，或者可燃蒸气与空气相混合（如可燃固体、自燃物品，当其受热、水、氧化剂的作用迅速反应，分解出可燃气体或蒸气与空气混合形成爆炸性气体），遇火源爆炸的事故。例如炉膛爆炸、钢水包爆炸、亚麻粉尘的爆炸，都属于上述爆炸方面的现象，亦均属于其他爆炸。

（19）中毒和窒息

中毒指人接触有毒物质，如误食有毒食物、呼吸有毒气体引起的人体急性中毒事故；或在废弃的坑道、竖井、涵洞、地下管道等不通风的地方工作，因为氧气缺乏，有时会发生突然晕倒，甚至死亡的事故称为窒息。两种现象合为一体，称为中毒和窒息事故。

不适用于病理变化导致的中毒和窒息的事故，也不适用于慢性中毒的职业病导致的死亡。

（20）其他伤害

凡不属于上述伤害的事故均称为其他伤害。如扭伤、跌伤、冻伤、野兽咬伤、钉子扎伤等。

施工现场危险源识别时对危险源或其造成的伤害的分类多采用这种分类方法。其中高处坠落、物体打击、触电事故、机械伤害、坍塌事故、火灾和爆炸是建设工程施工中最主要的事故类型。

3. 按导致事故和职业危害的直接原因进行分类

根据《生产过程危险和有害因素分类与代码》（GB/T 13861—1992）的规定，将生产过程中的危险因素与有害因素分为六类。此种分类方法所列危险、危害因素具体、详细、科学合理，适用于项目管理人员对危险源识别和分析，经过适当的选择调整后，可作为危险源提示表使用。

（1）物理性危害

1）设备、设施缺陷。强度不够、刚度不够、稳定性差、密封不良、应力集中、外形缺陷、外露运动件缺陷、制动器缺陷、控制器缺陷、设备设施其他缺陷。

2）防护缺陷。无防护、防护装置和设施缺陷、防护不当、支撑不当、防护距离不够、其他防护缺陷。

3）电危害。带电部位裸露、漏电、雷电、静电、电火花、其他电危害。

4）噪声危害。机械性噪声、电磁性噪声、流体动力性噪声、其他噪声。

5）振动危害。机械性振动、电磁性振动、流体动力性振动、其他振动。

6）电磁辐射。电离辐射：X射线、β射线、质子、中子、高能电子束等。非电离辐射：紫外线、激光、射频辐射、超高压电场。

7）运动物危害。固体抛射物、液体飞溅物、反弹物、岩土滑动、料堆垛滑动、气流卷动、冲击地压、其他运动物危害。

8）明火。

9）能造成灼伤的高温物质。高温气体、高温固体、高温液体、其他高温物质。

10）能造成冻伤的低温物质。低温气体、低温固体、低温液体、其他低温物质。

11）粉尘与气溶胶。不包括爆炸性、有毒性粉尘与气溶胶。

12）作业环境不良。基础下沉、安全过道缺陷、采光照明不良、有害光照、通风不良、缺氧、空气质量不良、给排水不良、涌水、强迫体位、气温过高、气温过低、气压过高、气压过低、高温高湿、自然灾害、其他作业环境不良。

13）信号缺陷。无信号设施、信号选用不当、信号位置不当、信号不清、信号显示不准、其他信号缺陷。

14）标志缺陷。无标志、标志不清楚、标志不规范、标志选用不当、标志位置缺陷、其他标志缺陷。

15）其他物理性危害因素。

（2）化学性危害

1）易燃易爆性物质（遇湿易燃性物质）。易燃易爆性气体、易燃易爆性液体、易燃易爆性固体、易燃易爆性粉尘与气溶胶、其他易燃易爆性物质。

2）自燃性物质。

3）有毒物质。有毒气体、有毒液体、有毒固体、有毒粉尘与气溶胶、其他有毒物质。

4）腐蚀性物质。腐蚀性气体、腐蚀性液体、腐蚀性固体、其他腐蚀性物质。

5）其他化学性危害因素。

（3）生物性危害因素

1）致病微生物。

2）传染病媒介物。

3）致害动物。

4）致害植物。

5）其他生物性危害因素。

（4）心理、生理性危害

1）负荷超限。

2）健康状况异常。

3）从事禁忌作业。

4）心理异常。

5）辨识功能缺陷。

6）其他心理、生理性危害因素。

（5）行为性危害因素

1）指挥错误。

2）操作失误。

3）监护失误。

4）其他错误。

5）其他行为性危害因素。

（6）其他危害因素

4. 职业病分类

施工现场职业病的主要危害及种类主要有以下几种：

（1）粉尘

粉尘是指在生产过程中发生并能较长时间浮游在空气中的固体微粒。施工现场主要是含游离的二氧化硅粉尘、水泥尘（硅酸盐）、石棉尘、木屑尘、电焊烟尘、金属引起的粉尘，其中含游离的二氧化硅粉尘直接决定粉尘对人体的危害程度。粉尘对人身的危害主要表现为：当吸入肺部的生产性粉尘达到一定数量时，就会引起肺组织逐渐硬化，失去正常的呼吸功能，即尘肺病、肺部疾病、粉尘致癌、粉尘的中毒、粉尘的其他局部作用。

（2）生产性毒物

生产性毒物是指在生产中产生或使用的有毒物质，它可使大气、水、土层等环境因子受到污染，被人体接触或吸收，可引起急性或慢性中毒，如铅、苯、二甲苯、聚氯乙烯、锰、二氧化碳、一氧化碳、亚硝酸盐等。

生产性毒物对人身的危害主要表现为职业中毒；致突变、致畸胎、致癌作用；其他作用。施工现场职业中毒主要包括苯中毒，锰

中毒，一氧化碳中毒，以及汞中毒，铅中毒，汽油中毒，高分子化
合物中毒，刺激性气体中毒等。

1）苯中毒。苯又称香蕉水，施工现场中用于油漆、喷漆、环氧
树脂、粘结、塑料及机件的清洗等。苯对人身的危害主要表现为：
急性苯中毒，造成中枢神经系统麻醉，神志丧失，血压降低，以致
呼吸循环衰竭而死亡；慢性苯中毒，造成神经衰弱症，损害造血机
能，出现再生障碍性贫血，严重的会发生苯白血病。

2）锰中毒。施工现场中焊接时发生锰烟尘。锰对人身的危害主
要表现为：中毒后损害人体的神经系统，导致神经衰弱症；植物神
经紊乱；震撼麻痹综合征；精神失常；肌肉张力改变等。

3）一氧化碳中毒。一氧化碳中毒使氧在人体内的输运或组织利
用氧的功能发生障碍，造成组织缺氧。一氧化碳对人身的危害主要
表现为：急性中毒，中枢神经系统受到损害，意识模糊或安全丧失，
严重时会因呼吸麻痹而死亡；慢性中毒，出现头痛、头晕、四肢无
力、体重下降、全身不适等神经衰弱症状。

（3）噪声

噪声是建筑施工过程及构件加工过程中，存在的多种无规则的
音调及杂乱声音。施工现场噪声主要来源于打桩机、搅拌机、电动
机、混凝土振动棒、钢筋加工机械、模板安装与拆除等。噪声对人
体的危害主要表现为：长期在强烈噪声环境中劳动，内耳器官会发
生器质性病变，造成永久性听阈偏移，即慢性噪声性耳聋。

（4）振动

振动就是物体在力的作用下，沿直线或弧线经过某一个中心位
置（或平衡位置）的来回重复运动。振动病是长期接触强烈振动而
引起的肢端血管痉挛、上肢骨及关节骨质改变和周围神经末梢感觉
障碍的职业病。振动对人体的危害主要表现为：长期在振动环境中
作业可造成手指麻木、胀痛、无力、双手震颤、手腕关节骨质变形、
指端白指和坏死等。

5. 环境因素的分类

（1）按环境因素的污染物分类

施工现场产生的污染物是对环境造成污染的根源，主要有以下几类：

1）噪声。包括施工机械、运输设备、电动工具、模板与脚手架等周转材料的装卸、安装、拆除、清理和修复等造成的噪声。

2）粉尘。包括场地平整作业、土堆、砂堆、石灰、现场路面、水泥搬运、混凝土搅拌、木工房锯末、现场清扫、车辆进出等引起的粉尘。

3）废水。包括施工过程搅拌站、洗车处等产生的生产废水，生活区域的食堂、厕所等产生的生活废水。

4）废气。包括油漆、油库、化学材料泄漏或挥发等引起的有毒有害气体排放。

5）固体废弃物。包括建筑渣土、建筑垃圾、生活垃圾、废包装物、含油抹布等的处置与排放。

6）振动。包括打桩、爆破等施工对周边建筑物和构筑物、道路桥梁等市政公用设施的影响。

7）光。包括施工现场夜间照明灯光产生的光污染。

（2）按环境因素影响的对象分类

施工现场环境因素影响的对象，通常分为六类：

1）向大气排放，包括粉尘、有毒有害气体排放。

2）向水体排放，包括生产废水、生活废水排放。

3）废弃物管理，包括建筑渣土、建筑垃圾、生活垃圾、废包装物、含油抹布等废弃物的处置管理。

4）大地污染，包括油品、化学品的泄漏。

5）原材料与自然资源的使用。

6）当地环境和社区性问题，包括噪声、振动、光污染等。

第四章
建筑施工事故应急响应

应急救援行动是指在紧急情况发生时，即建筑物坍塌、机具事故或触电等事故时，为及时营救人员、疏散撤离现场、减缓事故后果和控制灾情而采取的一系列抢救援助行动。

事故发生前应该设计和建立应急系统，制定应急预案，并进行培训、训练和演习，以保证应急行动的有效性；一旦事故发生时，则应及时调动并合理利用应急资源和物质资源投入行动；在事故现场，针对事故的具体情况进行选择应急对策和行动方案，从而能及时有效地使伤害和损失降到最低程度和最小范围。

第一节　建筑企业应急救援行动一般程序

一旦发生重大事故，启动企业内应急救援行动的一般程序。

一、事故发生区

事故现场、企业或社区负责人或安全主管部门应采取以下行动：

1. 掌握情况

不论事故现场何种局面，必须掌握的情况有：事故发生时间与地点，事故类型，事故现场伤亡情况，现场人员是否已安全撤离，是否还在进行抢险活动，有无出现二次事故的可能性。

2. 报告与通报

在基本掌握事故情况，并判明或已经发现事故危及企业外时，应立即向各有关部门进行如下报告：

（1）报告负责本厂附近应急工作的市或区的应急指挥中心。

（2）上报本系统直接领导部门。

（3）根据事故的严重程度及情况的紧急程度，按预案规定的应急级别发出警报。

3. 组织抢救与抢险

事故发生单位最熟悉事故设施和设备的性能，懂得抢险方法，必须组织尽早抢救与抢险。事故发生单位要迅速集中抢险力量和未受伤的岗位职工，投入先期抢险，这包括：

（1）抢救受伤害人员和在危险区的人员，组织本单位医务力量抢救伤员，并将伤员迅速转移至安全地点。

（2）停止设备运转、隔离危险区等。

（3）清点撤出现场的人员数量，必要时，组织本单位人员撤离危害区。

（4）组织力量进行前期抢险，为前来应急救援的队伍创造条件。

二、事故发生区的附近地区

首先受到危害的应该是事故发生区下风方向贴近事故区的公众。如果事故发生区与城市居民区呈交织状态，情况就会十分复杂。一旦发现已经受到危害，或听到事故发生区的警报后，各有关部门应采取以下应急行动：

1. 交通民警

（1）立即向上级报告。

（2）根据指令或情况危急程度，封锁通往事故发生区的交通路口。

（3）迅速疏导车辆与行人撤离决定封锁的通道。

（4）维持封锁区内的治安。

（5）注意自身防护。

2. 社区或街道（居民委员会）工作人员

（1）立即报告上级。

（2）根据指令或情况危急程度，指导高层楼居民进行隐蔽（关闭门窗）或撤出。

（3）协助民警疏导行动中的人流，有秩序地向安全方向移动。

（4）检查有否进入非密闭的地下工事或地下室的公众，并迅速组织撤离。

（5）组织公众自救与互助，并注意自身防护。

三、应急指挥中心（部）

1. 值班员的行动

（1）记录事故发生区报告的基本情况。

（2）按预案规定，通知指挥部所有人员到达集中地点，并规定到达时限。

（3）报告市（区）行政当局值班室。

（4）与参与应急救援工作的当地驻军取得联系，并向他们通报情况。

（5）根据情况的危急程度，或按预案规定通知各应急救援组织做好出动准备。

2. 指挥组的行动

（1）根据事故发生区报告的情况，指示安全技术人员进行危害估算。

（2）会同专家咨询组判断情况，研究应急行动方案，并向总指挥提出建议。其主要内容是：事故危害后果及可能发展趋势的判断，应急的等级与规模，需要调动的力量及其部署，公众应采取的防护措施，现场指挥机构开设的必要性、开设的地点与时间。

（3）按总指挥的指令调动并指挥各应急救援组投入行动。

（4）开设现场指挥机构。

（5）向驻军通报应急救援行动方案，并提出要求支援的具体事宜。

3. 其他有关组织的行动

（1）专家咨询组进行技术判断及力量使用估计，会同指挥组向总指挥提供建议的内容。

（2）安全评价（扩散估算）组根据事故发生区报告的基本情况和已知的气象参数，进行事故后果评价、扩散趋势预测，向指挥组做出技术报告。

（3）气象保障组收集天气资料，若有可能可在现场开设气象观测哨。

（4）各保障组做好后援准备。

（5）各应急救援专业组织按指挥组指令投入行动。

第二节 事故级别评估程序

在应急救援的不同阶段实施什么行动要依靠决策过程，反过来这要求对事故发展过程的连续评价。无论是谁只要发现危险的异常现象，第一反应人就要开始启动应急。这种事故评估过程在特定时间首先由主管协调反应行动的人来履行，然后由企业应急总指挥和其工作人员来执行。在紧急事件初始阶段，某人可能是第一个发现者，会决定是否启动报警程序，这也会启动相应的反应机制。应急行动启动的顺序流程图如图4—1所示。

对事故分级有几种方法。不同的人判断相同事故会产生不同的分级。为了消除紧急情况下产生的混乱，应参考企业和政府有关部

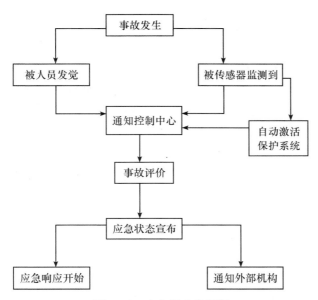

图 4—1　应急行动流程图

门制定的事故分级指南。

　　应急行动级别是事故不同程度的级别数。事故越严重，数值越高。根据此分级标准，负责人可在特定时刻把事故严重程度转化为相应的应急行动级别。应急行动级别数值跟企业性质和内在危险有关。大多工业企业采用三级分类系统就足够了。

　　一级——预警，这是最低应急级别。根据企业不同，这种应急行动级别可以是可控制的异常事件或容易被控制的事件。这样的事故可定为此级。根据事故类型，可向外部通报，但不需要援助。

　　二级——现场应急，这是中间应急级别，包括已经影响企业的火灾、爆炸或毒物泄漏，但还不会超出企业边界。外部人群一般不会受事故的直接影响。这种级别表明企业人员已经不能或不能立即控制事故，这时需要外部援助。企业外人员像消防、医疗和泄漏控制人员应该立即行动。

三级——全体应急，这是最严重的紧急情况，通常表明事故已经超出了企业边界。在火灾、爆炸事故中，这种级别表明要求外部消防人员控制事故。如有毒物质泄漏发生，根据不同事故类型和外部人群可能受到影响，可决定要求进行安全避难或疏散。同时也需要医疗和其他机构的人员支持，启动企业外应急预案。

第三节　建筑企业应急响应启动

应急预案中最重要的就是建立一个反应快速的应急反应组织，能在紧急时刻，在最短的时间及时部署完毕。

一、应急预案的应急反应组织机构

应急预案的应急反应组织机构分为一、二级编制，公司总部设置应急预案实施的一级应急反应组织机构，工程项目经理部设置应急预案实施的二级应急反应组织机构。

1. 一级应急反应组织机构

建立公司重大事故应急救援指挥部。

总指挥：由公司领导担任。

副总指挥：由公司主管安全的经理担任。

成员：由公司职能科室的负责人担任。

指挥部下设办公室：由公司安全生产管理科兼任，处理日常工作。

指挥部职能：

（1）向上级建设行政主管部门报告事态发展情况，执行上级有关指示和命令。

（2）发布应急救援命令、信号。

（3）及时向现场派出指挥班子，并确定现场指挥最高负责人。

（4）掌握汇总有关情报信息，及时做出处理决断。

（5）负责对重大事故救援工作的指挥调度，调动有关力量进行抢险救护工作。

（6）组织做好善后工作，配合上级开展事故调查。

2. 二级应急反应组织机构

公司重大事故应急救援指挥部根据现场需要成立项目经理部二级应急反应组织机构。

（1）指挥长：由副总指挥担任。

（2）成员：由项目经理和有关职能部门负责人担任。

现场指挥部下设专业抢险组、事故调查组、善后处理组和预备机动组。

（3）现场指挥部职能：

1）及时向指挥部报告事态发展及抢险情况，提出救援意见和建议，执行指挥部决策、指示，命令指挥现场处置行动。

2）迅速抢救伤员，采取控制事故险情蔓延扩大的有效措施。

3）负责现场救援工作所需要装备、器材、物资的统一调度和使用及救援工作人员的调配。

4）具体负责善后处理工作。

二、现场分工和职责

重大事故发生后，按照指挥部指示，各相关科室和单位应召集足够人员，调集抢险救援装备器材物资迅速赶赴现场，在现场指挥部统一指挥下，按各自的职责分工迅速开展抢险救护工作，并由现场指挥长指定各单位组长。

1. 专业抢险组：主要任务是查明事故现场基本情况，制定现场抢险方案，明确分工，迅速抢险及人员和各类危险品转移，抢救受伤人员和财产，防止事故扩大，减少伤亡损失等行动。

2. 事故调查组：负责查清事故发生时间、经过、原因、人员伤亡及财产损失情况，分清事故责任，并提出对事故责任者处理意见及防范措施。

3. 善后处理组：负责做好死难、受伤家属的安抚、慰问、思想稳定工作，消除各种不安定因素。

4. 预备机动组：由指挥长临时确定，机动组力量由指挥长调动、使用。

5. 对外联系组：负责及时与有关部门沟通。

6. 现场协调组：及时协调抢救现场各方面工作，积极组织救护和现场保护。

7. 物资供应组：负责及时提供所需交通工具器材、通信、药品等急救措施。

三、应急预案的启动前提

施工场区发生重大事故前兆或发生评估预测为：

1. 死亡数在 1 人以上。

2. 直接财产损失在 5 万元以上。

3. 对施工场区外的影响有明显的破坏或人身伤亡。

除上述原则外，建筑企业可根据企业自身实际情况确定应急预案启动的条件。

四、应急预案的启动和响应

对事故的评估预测达到启动应急预案条件时，由应急总指挥发出启动应急反应预案令。由应急总指挥、事故现场指挥长同时启动公司总部一级应急反应行动组织和项目部二级应急反应行动组织，按应急预案的规定和要求以及事故现场的特性，执行应急反应行动，根据事态的发展要求，及时启动社会应急救援公共资源，最大限度地降低事故带来的经济损失和减少人员死亡。

五、现场救援措施

1. 最早发现者立即呼救，向有关人员报告或报警，原因明确可立即采取正确方法施救，但决不可盲目施救。

2. 施救指挥部门迅速成立，按照应急程序处置。

3. 迅速查明事故原因和判断事故发展状态，采取正确方法施救，如中毒，必须先向井下通风或带好防毒面具才可下井救人；未使用安全电压触电，必须先切断电源。

4. 急救人员按照有关救护知识，立即救护伤员，在等待医生救治或送往医院抢救过程中，不要停止和放弃施救，应采用人工呼吸，清洗包扎或输氧急救等。

5. 现场不具备抢救条件时，立即向社会求救。工地应配备相关的急救用具。

六、事故情况通报及调查处理

1. 做好事故情况通报工作

重大事故发生，指挥部要及时做好上情下达，下情上报工作，迅速将事故灾情及抢险救治、事故控制、善后处理等情况按分类管理程序向上级建设主管部门上报，并根据上级领导的指示，逐级传达到事故处理的各级人员。

2. 事故调查处理

事故调查组要抓紧时间做好重、特大事故的现场勘察和调查取证工作。上级事故调查组到达现场后，如实汇报事故调查初步情况，提供相关调查资料并根据上级调查组要求，按照行业对口关系，提供相应分工，抽调力量协助进行深入调查取证工作。

第四节　应急资源准备

一、应急资源分析

依据上面危险分析的结果，对已有的应急资源和应急能力进行评估，包括组织内部的和外部的应急资源的评估，明确应急救援的需求和不足。应急资源包括应急人员，应急设施（备）、装备和物资等；应急能力包括人员的技术、经验和接受的培训等。应急资源和能力将直接影响应急行动的快速有效性。预案制定时应当在评价与潜在危险相适应的应急资源和能力的基础上，选择最现实、最有效的应急策略。

应急能力评估主要用于评估资源的准备状况和从事应急救援活动所具备的能力，并明确应急救援的需求和不足，以便及时采取纠正措施。应急能力评估活动是一个动态过程，其中包括应急能力自我评估和相互评估等。

进行应急能力评估主要目的是便于持续改进应急管理工作，确保应急预案的有效性，帮助提高组织应急救援的水平，在重大事故发生之前审查应急准备工作的进展情况。

1. 内部应急资源分析

应急资源是应急救援能力评估的重要组成部分。发生紧急情况时，需要大量的人员、设备和物资供应。如果缺乏足够的设备与供应物资（如消防设备、个人防护设备、清扫泄漏物的设备等），即使有训练良好的应急救援队伍也无法减缓紧急事故。企业应该配备必需的应急设备与物资，并定期进行检查、维护和补充，以免由于应急资源缺乏延误应急救援行动。

许多事故现场可能会涉及火灾、爆炸、有害物质泄漏、自然灾害、技术营救及医疗抢救等，企业的应急能力评估可以和应急资源的准备情况结合起来进行考虑。

（1）企业消防力量

企业必须购置一定数量的消防设备。这些设备/设施包括消防水管网系统、灭火剂、手提灭火器、水罐车、水泡、重型水罐车、消防艇、备用发电机、强力照明灯、消防车（水或泡沫）、营救车、救护车、泡沫车、干粉车、灯光车、火场指挥车、供给车、教练车、登高消防车、云梯、曲臂举高消防车、简易帐篷、流动监测车、报警车、危险材料运输车辆等。

（2）个人防护设备

在许多情况下，应急人员会在离泄漏物质很近的地方工作，因此，在任何时间应急人员都必须要穿上合适的防护服。

防护服由应急人员穿戴，以防火灾或有毒液体、气体等危险。使用防护服的目的有三个：保护应急人员在营救操作时免受伤害；在危险条件下应急人员能进行恢复工作；逃生。

（3）人力资源

应急预案支持附件中要明确企业内部专职和兼职的应急救援人员配置、名单、训练情况、负责人等信息，便于事故发生后进行人员调度、疏散、指挥、协调。

应对下面内容的相关信息进行记录：专业消防队员、当地驻军（防化队）及武警情况、社会救助队伍、抢险救援人员（有关部门及友邻单位）、总调度室、生产调度机构、关键岗位人员名单、应急指挥系统人员、应急救援专家、义务消防队员、义务救援人员等。

（4）通信、联络及警报设备

明确提供通信、联络的方式和对象，通信器材的种类、维护、数量、更新情况和管理规定，包括所在部位等。包括在不同的应急情况时使用的通信、联络器材和方式等信息和规定。如通信、联络及警报设备，一般应包括喇叭、警笛、扩音器、公共广播系统、普通电话、热线及专线电话、传真及无线移动电话。

企业在制订应急计划时，应充分考虑通信、联络及警报设备及其准备情况；同时，应明确警报设备的覆盖范围。

（5）监测和检测设备

为了配合应急救援行动，企业应配备相应的监测和检测设备，如与企业的生产经营相关的危险物质的监测与检测，这些设备最好是便携式的，一旦发生紧急情况可以快速投入使用，并做出灵敏的反应。

（6）泄漏控制设备

对于危险化学品从业单位，存在危险化学品发生泄漏的危险。

气体发生泄漏后，可采用固定消减系统（如水幕和水喷淋）喷出吸收剂吸收扩散泄漏的气体（如氨气）。

液体泄漏的预防技术以及液体泄漏后的存留设备较为常见。固体储罐的液体泄漏存留可使用围堤、沟渠。除此以外，组织还应建设应急存留系统，如果地形允许，可使用动土设备，塑料里衬和漂浮栏可用来限制泄漏物质流入地面或临近敏感区域（如水源）。

泵可用来有效处理泄漏物质或容器内的危险物质到安全的位置。紧急情况下，带应急塑料里衬的容器可临时存留物质，以待恢复和转移。

控制泄漏经常使用的化学药剂主要有抑制剂、中和剂、吸附剂等。

（7）保安和进出管制设备

作为应急救援中的关键因素，保安和进出管制设备在应急救援附件里面也要明确说明。

（8）应急电力设备

在电力中断时，应急电力支持系统可以确保一些设备能够使用并可保持多种重要系统的运转。主要的设备和应急管理系统都应该有应急电力系统作为暂时动力。

(9) 应急救援所需的重型设备

重型设备在控制紧急情况时是非常有用的,它经常与大型公路或建筑物联系起来。在紧急情况下,可能用到的重型设备包括反向铲、装载机、车载升降台、翻卸车、推土机、起重机、叉车、坡土机、破拆机、开孔器、挖掘机、便携式发动机等。

上述设备企业不一定购置,但至少应明确一旦需要可以从哪些单位获得上述重型设备的支援。

(10) 各种保障制度

包括责任制,值班制度,培训制度,应急救援装备、物资、药品等的检查、维护制度,演练制度。

2. 外部应急资源分析

当企业内部的应急资源或应急力量有限或不足以应对重特大事故时,应充分利用企业外部的应急资源和社会的专兼职应急力量。应在支持附件里明确。

(1) 城市专兼职消防力量

当企业的消防力量有限或不足以应对重特大事故时,应充分利用城市中的专兼职消防力量,为此,在支持附件里应明确给出附近的消防力量情况,包括各消防力量能力、装备、布局描述,灭火系统,消防供水系统,火灾检测系统,联系方式和义务消防队伍情况等。

(2) 医疗救护机构分布及救护能力

医疗机构包括企业内部的医疗室和企业外部的医院、防疫站等。

应核实医院的医疗能力,包括总的床位、治疗不同类型伤害的能力、缓解病情的设备、治疗专长、医护人员的配备、其他一些特定功能。

此外,还应明确运送伤员的有效工具和途径。

(3) 信息资源

应急活动需要可靠的实时数据和信息资源，主要有基础信息资源和应急信息资源。需要注意的是，这些丰富的背景数据和种类繁多的信息，可能来自不同的地域、空间、单位和部门，必须进行信息资源的整合，才能交换数据，共享信息，支撑应急反应的各种活动。

1）基础信息资源。基础信息资源内容涉及五大方面：

①政治方面。

②经济方面。

③社会发展。

④资源环境。

⑤地理信息。

2）应急信息资源。应急信息资源包括突发事件信息、应急预案、应急资源、指挥体系、应急队伍、应急器材、应急案例、应急法律和规章制度等信息。

（4）专家系统

事故应急救援另外一个重要的资源就是专家系统。各行各业的专家为应对和处理突发事件和事故提供了系统有效的技术指导和应急处置的措施，并为政府决策提供科学依据，在协助有关部门做好突发事件应急处置的工作中发挥了不可替代的"智囊团"和参谋作用，这为事故应急救援工作步入信息化、制度化、规范化的轨道提供了保障。

国家和地方政府应该建立事故应急处理专家库，各组织也应该掌握一些专家信息。

总之，依据对外部应急救援能力的分析结果，应该确定单位互助的方式、请求政府协调应急救援力量、应急救援信息咨询、专家信息等。

3. 应急能力分析

依据以上内、外资源的分析，企业应根据实际情况，通过对现有的应急能力、可能发生的危险和紧急情况有关的信息等进行分析，对企业目前在处理紧急事件时的基本能力进行分析。此项工作应由应急编制小组中的专业人员进行，并与相关部门及重要岗位员工交流。

内部应急能力分析：内部应急能力是指事故发生单位自身对事故的应急能力，这种能力可以确保事故单位采取合理的预防和疏散措施来保护本单位的人员，其余的事故应急工作留给应急救援系统中的其他机构来完成。

外部应急能力分析：外部应急能力是指利用事故单位以外的外部机构来对紧急情况进行应急处理的能力。

一般来说，无论是内部还是外部的应急能力分析，应包括如下内容：

（1）对企业现有的风险进行识别、预测和评价。

（2）确定现有的应急措施或计划采取的应急措施是否能消除危害或控制风险，然后对其脆弱性进行分析，确定企业在处理紧急事件时的能力。

（3）现有的适用法律和法规。确定适用企业和地方应急方面的相关法规。

（4）查阅相关的文献。

应急能力分析的结果应形成书面报告，作为应急预案编制的决策基础。

二、应急救援所需设备及器材

1. 侦检器材

侦检器材，主要是指通过人工或自动的检测方式，对火场或救援现场所有灭火数据或其他情况，如气体成分、放射性射线强度、火源、剩磁等进行测定的仪器和工具。

（1）热成像仪

1）用途。在黑暗、浓烟条件下观测火源及火势蔓延方向，寻找被困人员，监测异常高温及余火，观测消防队员进入现场情况。

2）性能。红外线成像原理，有效监测距离 80 m，可视角度 55°；防水、防冲撞，密封外壳；重量为 2.7 kg。

3）维护。轻拿轻放，避免潮湿。

（2）可燃气体和毒性气体检测器

1）试纸。适用于检测现场空气中的磷化氢、硫化氢、氯化氢和氯气等；日常试纸必须密封保存。

2）检测管。适用范围很广，主要取决于试管中充填的化学显色指示剂特性。有关技术性能，见表 4—1。

表 4—1 常见检测管的技术性能

检测管	灵敏度（mg/m³）	抽气量（mL）	抽气速度（mL/s）	颜色变化	试剂内容	类型
苯	10	100	1	白→棕（紫、褐）	发烟硫酸、多聚甲醛	比长度
汞	0.01	4 000	3.33	白→红橙	硫酸铜、碘化钾、乙醇、硅胶	比长度
一氧化碳	20	450	1.5	白→绿→蓝	硫酸钯、钼酸铵、硫酸、硅胶	比长度
一氧化氮	25	100	1.5	白→绿	五氧化二碘、发烟硫酸、硅胶	比长度
二氧化氮	10	100	1.5	白→绿	邻联甲苯胺、硅胶	比长度
氢氰酸	0.2	100	1	白→蓝绿	邻联甲苯胺、硫酸铜、硅胶	比长度
磷化氢	3	100	2	白→黑	硝酸银、硅胶	比长度
二氧化碳	400	100	0.5	蓝→白	百里酚酞、氢氧化钠、氧化铝	比长度

续表

检测管	灵敏度 （mg/m³）	抽气量 （mL）	抽气速度 （mL/s）	颜色变化	试剂内容	类型
二氧化硫	10	400	1	棕黄→红	亚硝基铁氰化钠、氯化锌、乌洛托品、陶粒	比长度
硫化氢	10	200	2	白→褐	醋酸铅、氯化钡、陶粒	比长度
氯	2	100	2	黄→红	荧光素、溴化钾、碳酸钾、氢氧化钾、硅胶	比长度
氨	10	100	2	红→黄	百里酚酞、硫酸、硅胶	比长度
丙烯腈	0.4	100	2	白→蓝绿	邻联甲苯胺、硫酸铜、硅胶	比长度

（3）智能型水质分析仪

1）用途。对地表水、地下水、各种废水、饮用水及处理过的小颗粒化学物质，进行定性分析。

2）性能。通过特殊催化剂，利用化学反应变色原理，使被测原液颜色发生变化，通过光谱分析仪的偏光原理进行分析。主要测试内容为氢化物、甲醛、硫酸盐、氟、苯酚、二甲苯酚、硝酸盐、磷、氯、铅等，共计 23 种，通过打印机打印出分析结果。

3）维护。置于平面，避免强光照射，远离热源，环境不得有烟尘。

（4）有毒气体探测仪

1）用途。有毒气体探测仪是一种便携式智能型有毒气体探测仪，可以同时检测四类气体，即可燃气（甲烷、煤气、丙烷、丁烷等 31 种）、毒气（一氧化碳、硫化氢、氯化氢等）、氧气和有机挥发性气体。

2）性能

①同时能对上述四类气体进行检测，在达到危险值时报警。

②防爆、防水喷溅。

③可燃气体能从"0%～100%LEL"（爆炸下限）的范围测量自动转换到以"0～100 气体"（体积百分比浓度）的范围测量。

④时限：NiPCd 电池盒 10 h。充电时间：NiPCd 电池盒 7～9 h，LED 显示。

⑤质量：约 1 kg；尺寸：194 mm×119 mm×58 mm。

3）维护。轻拿轻放，避免潮湿、高温环境，保持清洁，定期标定。

（5）核放射性侦检仪

1）用途。用于测量周围放射性剂量当量。

2）性能及组成

①带操作键和压电晶体、蜂鸣器的上盖。

②底座内有电池仓和探测器的上盖。

③GM 管探测器，电子线路显示器嵌于上盖和底座。

④电源：两节 1.5 V 的碱性电池，不使用背光和外接探测器时，开机时间大于 80 h。

⑤重量小于 0.3 kg（带电池）。

⑥尺寸：145 mm×85 mm×45 mm。

⑦配有拉杆探测器，可伸长 1.4～4 m。

3）维护。轻拿轻放，避免高温、潮湿存放，及时更换电池。

（6）核放射探测仪

1）用途。能够快速准确地寻找并确定 α 或 β 射线污染源的位置。

2）性能。GM 型专用探头，持续工作时间 70 h，三档测量区 1℃/s、10℃/s、100℃/s。音频报警的改变与辐射剂量的变化成比例变化。可以探测 α、弱 β、β、γ 射线。

3）维护。轻拿轻放，防潮存放，使用温度 -10～45℃。

（7）生命探测仪

1）用途。适用于建筑物倒塌现场的生命找寻救援。

2）性能。采用不同的电子探头（微电子处理器），可识别空气或固体中传播的微小振动（如呼喊、敲击、喘息、呻吟声等），并将其多极放大转换成视听信号，同时，又可将背景噪声过滤。主机尺寸为 190 mm×146 mm×89 mm，质量为 1.5 kg。

3）维护。运输、储藏温度 -40～70℃，正常工作温度 -30～60℃。

（8）综合电子气象仪

1）用途。检测风向、温度、湿度、气压、风速等参数。

2）性能。全液晶显示，温度的探测范围为 0～60℃（室内）或 -45～60℃（室外）；1 h 内，气压异动超过 0.5～1.5 mmHg 时，自动发出报警。

3）维护。保持清洁，置于干净阴凉的地方。

（9）漏电探测仪

1）用途。确定泄漏电源的具体位置。

2）性能。频率低于 100 Hz，可将接收到的信号转换成声光报警信号。探测时无须接触电源。探测仪对直流电不起作用。开关具有三种形式（高、底、目标前置）。

3）维护。随时保持仪器的清洁干燥。非工作时，放回保护套内。电池电压低于 4.8 V 时应更换，严禁使用充电电池。

2. 个体防护设备

消防人员执行特殊任务（如在精炼厂救火）时可能穿戴防热辐射的特殊服装。对化学物质有防护性的服装（如防酸服）可在泄漏清除工作时使用以减少皮肤与有毒物质的接触。气囊状服装可避免环境与服装之间的任何接触，这种服装又是救生系统，从整体上把人员封闭起来，可在有极端防护要求时使用。不同的危险环境救援使用的个体防护装备应各有不同要求。

（1）个体防护装备分级

在应急反应作业中，进入各控制区人员的防护装备需要分级。

1）A级个体防护

A级个体防护适用于热区危险排除。

防护对象包括：接触高蒸气压和可经皮肤吸收的气体、液体；可致癌和高毒性化学物；极有可能发生高浓度液体泼溅、接触、浸润和蒸气暴露的情况；接触未知化学物（纯品或混合物）；有害物浓度达到 IDLH 浓度；缺氧。

A级个体防护装备包括：

呼吸防护——全面罩正压空气呼吸器（SCBA）。

防护服——全封闭气密化学防护服，防各类化学液体、气体渗透。

防护手套——抗化学物。

防护靴——抗化学物。

头部防护——安全帽。

2）B级个体防护

防护对象包括：种类确知的气态有毒化学物质，可经皮肤吸收；达到 IDLH 浓度；缺氧。

B级个体防护装备包括：

呼吸防护——全面罩正压空气呼吸器（SCBA）。

防护服——头罩式化学防护服，非气密性，防化学液体渗透。

防护手套——抗化学物。

防护靴——抗化学物。

头部防护——安全帽。

3）C级个体防护

防护对象包括：非皮肤吸收气态有毒物，毒物种类和浓度已知；

非 IDLH 浓度；不缺氧。

C 级个体防护装备包括：

呼吸防护——空气过滤式呼吸防护用品，正压或负压系统，过滤元件适合特定的防护对象，防护水平适合毒物浓度水平。

防护服——隔离颗粒物、少量液体喷溅。

防护手套——抗化学物。

防护靴——抗化学物。

（2）防护服选择的注意事项

从防护性能最高的气密防渗透防护服，到普通的隔离颗粒物防护服，各类防护服的性能都有很大差别，适用范围也不同。在工业领域常用的一些防酸防碱服，并不能够作为 A、B 级化学防护服使用，因为化学防护不仅仅是酸和碱的问题，更重要的是防气体和液体的渗透，服装在阻燃、气密等方面也有特殊要求。我国的防护服国家标准尚在制定过程中，在目前情况下，选配时建议咨询具体生产厂家。

防护服可以是一次性的，也可以是有限次使用的。多次使用时需对防护服进行洗消处理，但需要对洗消后的防护性能进行合理评价。

1）防护服的材料。大多数企业的主要防护设备是消防人员在建筑灭火时所使用的设备，包括裤子、上衣、头盔、手套、消防靴等。消防人员使用的防护设备主要起到防止磨损与阻热作用。但是此类设备在有化学品暴露时，只能提供有限的保护作用，有时甚至不起作用，为此应从不同的需要出发选择不同材料的防护服，表 4—2 给出了部分化学品防护服的材料。

表 4—2　　　　　　　　　部分化学品防护服的材料

材料	说明
天然橡胶	耐酒精和腐蚀品，但易受紫外线和高热的破坏，一般用于手套和靴子

材料	说明
氯丁橡胶	为合成橡胶，耐酸、碱、酒精的降解和腐蚀，用于手套、靴子、防溅服、全身防护服，是一种好的防护材料
异丁橡胶	为合成橡胶，能够耐受除卤代烃、石油产品外的许多污染物，用于手套、靴子、衣服和围裙
聚氯乙烯	耐酸性腐蚀品，用于手套、靴子、衣服
聚乙烯醇	耐石油产品，用于手套；是水溶性的，在水中不能提供防护
高密度聚乙烯合成纸	有较强的弹性并耐磨损，与其他材料结合使用可用来防护特别的污染物
Saranex	通常涂在高密度聚乙烯合成纸上或其他底层上
氟弹性体	与毛麻相似的人造橡胶，耐芳香化合物、氯化烃、石油产品、氧化物，弹性较小，可涂于氯丁橡胶、丁基、高熔点芳香族聚合胺或玻璃丝布等材料上

2) 需要考虑的因素。防护服可在不直接接触火焰时，允许应急人员在较高的温度区域内工作一段时间。全面防火服可为应急者通过火焰区域或高温环境提供必要保护，只有当应急人员可快速通过火焰或执行某项任务（如关闭发生火灾附近的阀门）时使用。这些防护服一般很沉重，缺少灵活性与轻便性，因此易导致使用者疲劳。选择防护服时考虑的因素见表4—3。

表4—3　　　　　　　选择防护服时考虑的因素

考虑因素	说明
相容性	考虑可能需要应急人员暴露其中的化学品，所选用的防护服必须与可能遇到的化学品危险特性相匹配；应准备在制订计划时用来参考的有关化学品相容性的表格
选择	在计划过程中及实际事故中应该使用明确的选择标准

续表

考虑因素	说明
适用范围和局限性	服装的使用范围应事先确定出来；要考虑服装的局限性，并在培训计划中说明
工作持续时间	应急人员应该接受培训，以应对无法散发体热的情况，而且管理系统应合理安排应急人员工作时间，以便实现预防威胁生命的状况出现
保养、存储和检查	企业需要制定一套可靠的制度来确保防护设备的检查、测试和保养
除污和处理	防护服装需要除污和处理，服装材料既有好的化学和机械防护性能，价格又合理，而且允许处理或再使用
培训	应急人员应接受有关个人防护设备的全面培训，培训必须与应急人员接受的任务和所遇到的危险相匹配，穿防护服行动易导致疲劳和紧张，因此，穿防护服的应急人员要接受更为严格的培训
温度极限	全身防护服可提供临时防护，其他物品不能防火或防低温

3）闪火的防护。防火服与防护服结合起来使用，是避免在化学品应急行动中受到热伤害的一种方法。这种服装在防火材料上涂有反射性物质（通常为铝制的），但只能够提供对于闪火的瞬间防护，而不能在与火焰直接接触的地方使用。

4）热防护。在一般灭火行动中，应急者可穿防火服，它能够提供对大多数火灾的防护。然而，有时会出现应急者进入，并在高热环境下工作的情况。这种极限温度会超出防护服的极限，因此需要穿专用耐高温服。

5）选择合理的防护标准。要选择合理的防护标准，首先要考虑应急人员实施行动的范围及条件：是单纯的灭火行动，还是针对危险物质的行动，亦或二者都有。

选择化学防护服时，反应级别（主动性的或防护性的）决定了需要使用防护服的类型，具体见表4—4。只实施防护性行动的应急人员（现场最初应急人员）比实施主动性行动的应急人员穿戴的防护设备的级别低。

表4—4　　　　　　　　　　个人防护服的类型

类型	说明	应用	局限性
结构式防护服	手套、头盔、上衣、裤子和靴子	防热或颗粒物	不能对气体或化学品的渗透或腐蚀性进行防护，不应在发生气体或化学品泄漏时穿戴
耐高温服	一件或两件全身套装包括靴子、手套及头盔，一般穿在其他防护服外	主要对辐射热的短时防护，也可以特制以防护一些化学污染物	不能防护气体或化学品的渗透或腐蚀，如果穿戴着可能暴露于毒性气体时，需要2~3 min以上的防护时，需要配有冷却附件和呼吸器
防火服	一般贴身穿	提供闪火类防护	增加体积，降低灵活性，体热不易散
非密闭性化学防护服（B级）	外套、头盔、裤子或全身套装	防护飞溅物、尘土和其他物质，但不能防护气体，也不能保护头颈部分	不能防护其他危害，也不能够保护颈部，导管密封处可能会松动或有空隙
全身化学防护服（A级）	一整件套装，靴子和手套或与整体相连或为可更换式或可分离式	可以防护飞溅物和尘土，大部分都可以防护气体	不能散发体热（特别是密闭式呼吸器），妨碍人员移动、联络并阻挡视线

（3）眼面防护具

眼面防护具都具有防高速粒子冲击和撞击的功能。眼罩对少量液体性喷洒物具有隔离作用，另外还有防各类有害光的眼护具，有些具有防结雾、防刮擦等附加功能。若需要隔绝致病微生物等有害物通过眼睛黏膜侵入，应在选择呼吸防护时选用全面罩。

（4）防护手套、鞋靴

和防护服类似，各类防护手套和鞋靴适用的化学物对象不同，另外，配备时还需要考虑现场环境中是否存在高温、尖锐物、电线或电源等因素，而且要具有一定的耐磨性能。

（5）呼吸防护用品

呼吸防护用品的使用环境分为两类。第一类是 IDLH 环境。IDLH 环境会导致人立即死亡，或丧失逃生能力，或导致永久丧失健康的伤害。第二类是非 IDLH 环境。IDLH 环境包括空气污染物种类和浓度未知的环境；缺氧或缺氧危险环境；有害物浓度达到 IDLH 浓度的环境。可以说应急反应中个体防护的 A 级和 B 级防护都是处理 IDLH 环境的。国家标准规定，IDLH 环境下应使用全面罩正压型 SCBA。C 级防护所对应的危害类别为非 IDLH 环境。

国家标准对各类呼吸器规定了指定防护因数（APF），用于对防护水平加以分级，如半面罩 APF‑10，全面罩 APF‑100；正压式 PAPR 全面罩 APF‑1000。APF‑100 的概念是，在呼吸器功能正常、面罩与使用者脸部密合的情况下，预计能够将面罩外有害物浓度降低的倍数。例如，自吸过滤式全面罩一般适合于有害物浓度不超过 100 倍职业接触限值的环境。安全选择呼吸器的原则是：选择 APF、危害因数（危害因数：现场有害物浓度/安全接触限值浓度）。

C 级呼吸防护是针对各类有害微生物、放射性和核爆物质（核尘埃），以及一般的粉尘、烟和雾等，应使用防颗粒物过滤元件。过滤效率选择原则是：致癌性、放射性和高毒类颗粒物，应选择效率最高档；微生物类至少要选择效率在 95% 档。滤料类选择原则是：如果是油性颗粒物（如油雾、沥青烟，以及一些高沸点有机毒剂释放产生的油性颗粒等）应选择防油的过滤元件。作为应急反应配备，P100 级过滤元件具有以不变应万变的能力。如果颗粒物还具有挥发性，则应同时配备滤毒元件。对于化学物气体防护，由于种类繁多，在选配过滤元件时，最好选具有综合防护功能的过滤元件，并选择尘毒综合防护方式。

3. 堵漏器材

（1）管道密封套

1）用途。用于压力 1.6 MPa（16 bar）的管道裂缝密封（"bar"为压强单位，1 bar＝0.1 MPa）。

2）性能及组成。有 9 种规格，能密封的管道直径为 21.3～114.3 mm。密封套内用具有化学耐抗性的橡胶制成，耐热性达80℃，密封性能 100％，可承受 16 bar 倍压。总质量 14.5 kg。

3）维护。防止破损，避免高温环境。

（2）1.5 bar 泄漏密封枪

1）用途。单人迅速密封油罐车、液柜车或储罐的裂缝。

2）性能及组成。有四种规格，其中三种楔形袋，60～110 mm宽；一种圆柱形袋，70 mm 直径。圆柱形密封袋可密封 30～90 mm直径漏孔，楔形袋可密封 15～60 mm 裂缝的漏孔。密封袋用高柔韧性材料制成，有防滑齿廓。密封枪有三节，可延伸，质量 6.5 kg。短期耐热性 90℃，长期耐热性 85℃。工作压力 1.5 bar，由脚踏泵、减压表等组成。

3）维护。防止袋体破损，避免高温环境。

（3）内封式堵漏袋

1）用途。当发生危险物质泄漏事故时，用于堵漏 1 bar 反压的密封沟渠与排水管道。

2）性能及组成。有 8 种规格，用于 25～1 400 mm 管道直径。多层结构，带纤维增强，弹性高，短期耐热性 90℃，长期耐热性85℃。主要由单出口/双出口控制阀、脚踏泵或手泵、10 m 长带快速接头气管、安全限压阀、减压表（当使用压缩空气瓶时）组成。

3）维护。防止破损，避免高温环境。

（4）外封式堵漏袋

1）用途。堵塞管道、容器、油罐车或油槽车、桶与储罐的直径为 480 mm 以上的裂缝。

2）性能及组成。一种规格，三个型号（1.5 bar 旋转扣、1.5 bar 带子导向扣、6 bar 带子导向扣）；可密封 500 mm×300 mm 面积。1.5 bar 密封袋可封堵反压 1.4 bar，6 bar 密封袋可封堵反压 5.8 bar。主要由控制阀、减压表、快速接头气管、脚踏泵、4 条 10 m 长带挂钩的绷带、防化衬垫等组成。

3）维护。防止破损，避免高温。

（5）捆绑式堵漏带

1）用途。密封 50～480 mm 直径管道及圆形容器的裂缝。

2）性能及组成。有两种规格，980 mm 和 1 770 mm，用于 50～200 mm 及 200～480 mm 直径的管道。具有抗油、抗臭氧、抗化学与耐油性，短期耐热性 115℃，长期耐热性 95℃。主要由控制阀、减压表、快速接头气管和两条 10 m 长带挂钩的绷带组成。

3）维护。防止破损，避免高温。

（6）堵漏密封胶

1）用途。在化学或石油管道，阀门套管接头或管道系统连接处出现极少泄漏的情况下使用。

2）性能。使用方便、快速。在生锈、油腻、污染或狭窄的部位使用同样安全可靠。可承受 0.4 bar 的反压；无毒，不会燃烧，可溶于水。一箱 8 罐，每罐 0.5 L（0.6 kg）。

3）维护。不用时密封，放置于阴凉处。

（7）罐体及阀门堵漏工具

1）用途。用于氯气罐体上的安全阀和回转阀的堵漏。

2）性能及组成。由各种专用工具、中心定位架、密封罩和各种密封圈组成。对 C 类罐体具有良好的密封性。

3）维护。定期保养各处螺纹，必要时，涂油脂；使用完后，要清除污垢，保持干净。

（8）磁压堵漏系统

1）用途。可用于大直径储罐和管线的作业。

2）性能及组成。系统由磁压堵漏器、不同尺寸的铁靴及堵漏胶组成。适用温度80℃，压力从真空到1.8MPa以上；适用介质：水泊气、酸、碱、盐；适用材料：低碳钢、中碳钢、高碳钢、低合金钢及铸铁等顺磁性材料。

3）维护

①使用前，必须检查各部件的完好程度。

②操作时，必须严格按规定程序进行。

③平时，必须认真保管，保持完整、洁净，严防消磁。

（9）注入式堵漏器材

1）用途。主要用于法兰、管壁和阀芯等部位的泄漏；适用于各种油品、液化气、可燃气体，酸、碱液体和各种化学品等介质。

2）性能及组成。由手动高压泵（限额压力63MPa，使用压力≤50MPa）、注胶枪、高压橡胶管、专用卡箍和夹具及固定密封胶组成。可在温度-100~650℃、压力<50MPa范围内使用。

3）维护

①使用前，必须检查所有连接部位和密封点的完好性。

②操作时，必须严格按照规定程序进行。

③用后，清洗、涂油保存，并按要求定期检查。

（10）粘贴式堵漏器材

1）用途。主要用于法兰垫、盘根、管壁、罐体、阀门等部位的点状、线状和蜂窝状泄漏。

2）性能及组成。由钢带捆扎机、卡箍夹具、罐体横撑杆、45°压板、弧形压板、阀体压板及辅助配件、黏合胶组成。可在温度-70~250℃、压力1.0~2.5MPa范围内使用。

3）维护

①使用前，必须检查各种部件的完好程度。

②操作时，必须严格按规定程序进行。

③用后，清洗、涂油保存，按要求定期检查。

4. 洗消器材

洗消器材主要用于抢险救援现场的化学救援工作。

(1) 空气加热机

1) 用途。主要用于洗消帐篷内供热或送风。

2) 性能及组成。电源为 220 V/50 Hz，有手动控制和恒温器自动控制两种。双出口柴油风机，耗油量 3. 65 L/h，油箱 51 L，工作时间 14 h，供热量 35 000 kcal/h，最高风温 95℃，质量 70 kg。

3) 维护。使用标准燃油，定期检查养护，保证喷嘴清洁。

(2) 热水器

1) 用途。主要供给加热洗消帐篷内的用水。

2) 性能及组成。主要部件有燃烧器、热交换器、排气系统、电路板和恒温器。可以提供 95 t 的热水，水的热输出功率在 70～110 kW 之间。水罐分为二档工作，水流量 600～3 200 L/h，升温能力为 30℃/（3 200 L/h），供水压力 12 bar，电源为 220 V/50 Hz，质量 148 kg。

3) 维护。使用后，擦拭热水罐外部、燃油过滤器；每 6 个月擦拭泵内过滤器和用酸性不含树脂的润滑油擦拭燃烧器马达一次。每使用 200 次后，对点火器喷嘴进行例行保养，检查是否积炭，并擦拭干净。

(3) 公众洗消帐篷

1) 用途。主要用于化学灾害救援中人员洗消。

2) 性能及组成。高 2. 80 m，长 10. 30 m，宽 5. 60 m，面积 60 m²。一个帐篷袋，包括一个运输包（内有帐篷、撑杆）和一个附件箱（内有一个帐篷包装袋、一个拉索包、两个修理用包、一个充气支撑装置、一条塑料链和一个脚踏打气筒）。帐篷内有喷淋间、更衣间等场所。

3) 维护。每次使用后必须清洗干净，擦干晾晒后，方能收放。使用时，尽量选择平整且磨损较小的场地搭设，避免帐篷刮划破损。

（4）战斗员个人洗消帐篷

1）用途。主要用于战斗员洗消。

2）性能及组成。折叠尺寸 900 mm×600 mm×500 mm，面积 4 m²，质量 25 kg，压缩空气充气。底板可充当洗消槽，并连接有 DN45 的供水管和排水管。

3）维护。使用后，必须清洗晾晒，方能收放。使用时，尽量选择平整且磨损较小的场地搭设，避免帐篷刮划破损。

（5）高压清洗机

1）用途。主要用于清洗各种机械、汽车、建筑物、工具上的有毒污渍。

2）性能及组成。由长手柄带高压水管、喷头、开关、进水管、接头、捆绑带、携带手柄喷枪、清洗剂输送管、高压出口等组成。电源启动，能喷射高压水流，需要时，可以添加清洗剂。

3）维护。不要使用带有杂质的液体和酸性液体，所有水管接口保持密封。避免电子元件触水，用后立即关机。

5. 排烟器材

（1）水驱动排烟机

1）用途。把新鲜空气吹进建筑物内，排出火场烟雾。适用于有进风口和出风口的火场建筑物。

2）性能及组成。利用高压水作动力，驱动水动马达运转，带动风扇；排烟量 24 000 m³/h，转速 3 800 r/min，工作压力 0.3～0.8 MPa；质量 14 kg，外形 640 mm×620 mm×440 mm，功率 7.4 kW 水轮机；由风扇、水动马达、进水口、出水口、风扇罩组成。

3）维护

①使用后，要清除进水口及护罩上的污垢，开启轮机底部的排水阀排水，关闭控制阀。

②经常检查叶片、护罩、螺栓、风扇覆环有无破裂，若有破损及时更换。

（2）机动排烟机

1）用途。对火场内部浓烟区域进行排烟送风。

2）性能。动力为内燃机。排烟量 3 600 m³/h，功率 1.9 kW，最高使用温度 80℃；燃油型号汽油 90 号、机油 30 号。

3）维护。保持机体清洁，对紧固件经常进行检查，确保安全。

6. 应急救援所需的重型设备

重型设备在控制紧急情况时是非常有用的，它经常与大型公路或建筑物联系起来。在紧急情况下，可能用到的重型设备包括：反向铲、装载机、车载升降台、翻卸车、推土机、起重机、叉车、破拆机、开孔器、挖掘机、便携式发动机等。

第五章
应急预案的培训与演练

为提高救援人员的技术水平与救援队伍的整体能力，以便在事故的救援行动中，达到快速、有序、有效的效果，经常性地开展应急救援培训、训练与演练成为救援队伍的一项重要的日常性工作。

应急救援培训、训练与演练的指导思想应以加强基础，突出重点，边练边战，逐步提高为原则。

应急培训、训练与演练的基本任务是：锻炼和提高队伍在突发事故情况下的快速抢险堵源、及时营救伤员、正确指导帮助群众防护或撤离、有效消除危害后果、开展现场急救和伤员转送等应急救援技能和应急反应综合素质，有效降低事故危害，减少事故损失。

第一节　应急预案的培训

一、应急培训计划

应急预案是行动指南，应急培训是应急救援行动成功的前提和保证。通过培训，可以发现应急预案的不足和缺陷，并在实践中加以补充和改进；通过培训，可以使事故涉及的人员包括应急队员、事故当事人等都能了解一旦发生事故，他们应该做什么，能够做什么，如何去做以及如何协调各应急部门人员的工作等。应急培训计划的制定步骤如图 5—1 所示。

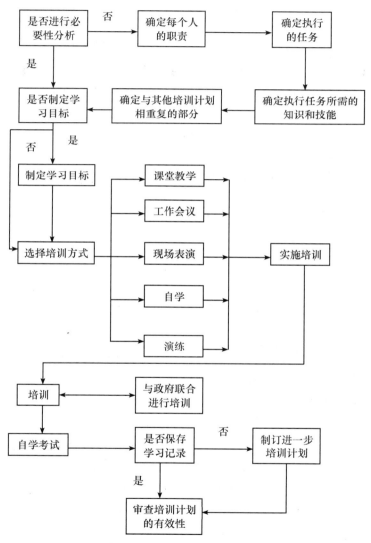

图 5—1 培训计划的制订

二、需求分析

制订培训计划之前，首先要对应急救援系统各层次和岗位人员进行工作和任务分析，确定应急工作效果、培训的必要性和应急工作的必要条件。培训工作者应该按任务和职责对每个应急岗位的能力要求制定一个"工作/任务摘要"。工作/任务摘要表的基本格式应该包括以下内容：

（1）使命：岗位的总体目标。

（2）重要职责：按职责对工作全面说明。

（3）任务：每项职责下要履行的各种任务。

（4）人物说明：明确说明责任人该怎么做。

（5）小组与个人：个人执行任务和小组执行任务之间的区别。

完成应急任务表后，应该核实所有职责、任务和相关任务的信息。

根据工作/任务分析，可明确学习目标和培训后受训者希望的效果。

三、课程设计

应急培训课程应根据专项培训计划而制定。所有授课内容应以培训目标作为主要决策基础。

培训者应该确定授课方法，例如讲座、模拟、自学、小组受训和考试等授课方法，应根据以下要求确定：学习任务效能要求；教学要求（如初训、再训）；受训者和教师互动要求。

根据效能标准和评估准则培训者应该制定合适的测试方法，应该规定出使考试与实际应急工作一致性和相关性的必要程序和导则。所有培训内容都应该进行考试。培训者应该系统分析测试结果，给受训者有效的反馈。这种分析不仅帮助改进受训者的缺陷，也帮助培训者辨识出培训计划的缺点以便改善培训计划。

培训计划应该详细说明教学设施（如大楼、实验室、设备）和教学媒介。一些应急培训可能在特定的机构进行，如火灾实验室和武警培训学院。

应注意依照培训管理计划来实施培训。光有一个良好的应急培训计划，却不能遵照执行是巨大的资源浪费。还应该建立教师任职资格制度，以确保培训效果。

四、应急培训的基本内容

应急培训是确保施工现场应急预案得到正确理解的重要手段。编制应急预案固然重要，但如果不对相关人员进行必要的应急相应流程、应急救援知识等方面的培训，再完善的应急预案也得不到有效的贯彻实施，也就起不到预防和降低紧急情况造成的危害和损失的目的。公司应定期为工人提供必要的职业健康安全培训，举办消防演习，包括灭火演习和疏散演习，工人应明白工作中存在的职业危害和可能发生的意外事故，应懂得基本的"三会"技能，即会报警、会疏散、会使用灭火器。

应急培训的内容应包括以下几个方面：

（1）针对不同紧急情况的应急预案的内容，使相关人员掌握应急响应的职责分工、应急救援流程、应急响应物质的存放地点和取得方式、人员疏散的路线和要求等，确保应急响应过程的协调有序。

（2）应急指挥信号的识别，使所有作业人员熟悉现场规定的应急信号，以便在紧急情况发生时能迅速做出响应。

（3）现场急救知识，使各类响应人员了解一般的现场救援知识，如触电、窒息、中毒、中暑、外伤等，以便对在紧急情况中受到危害的人员进行现场急救。

应急培训的范围应包括施工现场所有相关人员，既包括各类应急响应小组的人员，也包括在潜在的紧急情况发生地点作业的人员。对应急响应小组人员的培训，重点是不同紧急情况下的响应措施和流程，以及各自分工的工作内容。对作业场所其他人员的培训，重点是应急响应的信号、人员疏散路线，以及必要的自我逃生知识。

应急培训的方式多种多样，可以集中培训，也可以很专业、分工种单独培训，还可以通过宣传栏、板报等广泛宣传教育，施工现场应根据自身的实际情况灵活采用。应急培训可以单独进行，也可以结合入场教育、班前活动、安全交底等一起进行。培训结束后，应通过一定的方式对培训效果进行评价，根据评价的结果决定是否需要采取进一步的措施，确保培训达到预期的效果。

基本应急培训是指对参与应急行动所有相关人员进行的最低程度的应急培训，要求应急人员了解和掌握如何识别危险、如何采取必要的应急措施、如何启动紧急警报系统、如何安全疏散人群等基本操作。

1. 报警

（1）使应急人员了解并掌握如何利用身边的工具最快最有效地报警，比如使用移动电话（手机）、固定电话、寻呼机、无线电、网络或其他方式报警。

（2）使应急人员熟悉发布紧急情况通告的方法，如使用警笛、警钟、电话或广播等。

（3）当事故发生后，为及时疏散事故现场的所有人员，应急队员应掌握如何在现场贴发警示标志。

2. 疏散

为避免事故中不必要的人员伤亡，应培训足够的应急队员在事故现场安全、有序地疏散被困人员或周围人员。对人员疏散的培训主要在应急演习中进行，通过演习还可以测试应急人员的疏散能力。

3. 火灾应急培训

如上所述，由于火灾的易发性和多发性，对火灾应急的培训显得尤为重要。要求应急队员必须掌握必要的灭火技术以便在着火初期迅速灭火，降低或减小导致灾难性事故的危险，掌握灭火装置的识别、使用、保养、维修等基本技术。由于灭火主要是消防队员的职责，因此，火灾应急培训主要也是针对消防队员开展的。

4. 不同水平应急者培训

针对危险品事故应急，应明确不同层次应急队员的培训要求。通过培训，使应急者掌握必要的知识和技能以识别危险、评价事故危险性、采取正确措施，以降低事故对人员、财产、环境的危害等。

具体培训中，通常将应急者分为五种水平，每一种水平都有相应的培训要求。

A 初级意识水平应急者

该水平应急者通常是处于能首先发现事故险情并及时报警的岗位上的人员，例如保安、门卫、巡查人员等。对他们的要求包括：

（1）确认危险物质并能识别危险物质的泄漏迹象。

（2）了解所涉及的危险物质泄漏的潜在后果。

（3）了解应急者自身的作用和责任。

（4）能确认必需的应急资源。

（5）如果需要疏散，则应限制未经授权人员进入事故现场。

（6）熟悉事故现场安全区域的划分。

（7）了解基本的事故控制技术。

B 初级操作水平应急者

该水平应急者主要参与预防危险物质泄漏的操作，以及发生泄漏后的事故应急，其作用是有效阻止危险物质的泄漏，降低泄漏事故可能造成的影响。对他们的培训要求包括：

（1）掌握危险物质的辨识和危险程度分级方法。

（2）掌握基本的危险和风险评价技术。

（3）学会正确选择和使用个人防护设备。

（4）了解危险物质的基本术语以及特性。

（5）掌握危险物质泄漏的基本控制操作。

（6）掌握基本的危险物质清除程序。

（7）熟悉应急预案的内容。

C 危险物质专业水平应急者

该水平应急者的培训应根据有关指南要求来执行，达到或符合指南要求以后才能参与危险物质的事故应急。对其培训要求除了掌握上述应急者的知识和技能以外还包括：

（1）保证事故现场的人员安全，防止不必要伤亡的发生。

（2）执行应急行动计划。

（3）识别、确认、证实危险物质。

（4）了解应急救援系统各岗位的功能和作用。

（5）了解特殊化学品个人防护设备的选择和使用。

（6）掌握危险的识别和风险的评价技术。

（7）了解先进的危险物质控制技术。

（8）执行事故现场清除程序。

（9）了解基本的化学、生物、放射学的术语和其表示形式。

D 危险物质专家水平应急者

具有危险物质专家水平的应急者通常与危险物质专业人员一起对紧急情况做出应急处置，并向危险物质专业人员提供技术支持。因此要求该类专家所具有的关于危险物质的知识和信息必须比危险物质专业人员更广博、更精深。因此，危险物质专家必须接受足够的专业培训，以使其具有相当高的应急水平和能力。

（1）接受危险物质专业水平应急者的所有培训要求。

（2）理解并参与应急救援系统的各岗位职责的分配。

（3）掌握风险评价技术。

（4）掌握危险物质的有效控制操作。

（5）参加一般清除程序的制定与执行。

（6）参加特别清除程序的制定与执行。

（7）参加应急行动结束程序的执行。

（8）掌握化学、生物、毒理学的术语与表示形式。

E 应急指挥级水平应急者

该水平应急者主要负责的是对事故现场的控制并执行现场应急行动，协调应急队员之间的活动和通信联系。该水平的应急者都具有相当丰富的事故应急和现场管理的经验，由于他们责任的重大，要求他们参加的培训应更为全面和严格，以提高应急指挥者的素质，保证事故应急的顺利完成。通常，该类应急者应该具备下列能力：

（1）协调与指导所有的应急活动。

（2）负责执行一个综合性的应急救援预案。

（3）对现场内外应急资源的合理调用。

（4）提供管理和技术监督，协调后勤支持。

（5）协调信息发布和政府官员参与的应急工作。

（6）负责向国家、省市、当地政府主管部门递交事故报告。

（7）负责提供事故和应急工作总结。

不同水平应急者的培训要与危险品公路运输应急救援系统相结合，以使应急队员接受充分的培训，从而保证应急救援人员的素质。

第二节　应急预案的测试与演练

一、应急预案测试的目的与要求

1. 应急测试的目的

应急预案的测试是施工现场应定期组织进行的活动，其目的是检验应急预案的适宜性、有效性和充分性，以及响应过程的符合性和有效性。应急预案的测试是指来自多个机构、组织或群体的人员针对假设事件，执行实际紧急事件发生时各自职责和任务的排练活动，是检测重大事故应急管理工作最好的度量标准。我国多部法律、法规及规章都对此项工作有相应的规定。《建设工程安全生产管理条例》第四十九条规定："施工单位应当根据建设工程施工特点、范围，对施工现场易发生重大事故的部位、环节进行监控，制定施工现场生产安全事故应急救援预案。实行施工总承包的，由总承包单位和分包单位按照应急救援预案，各自建立应急救援人员，配备救援器材、设备，并定期组织演练。"

应急预案测试的时间间隔一般不超过 6 个月。由于建设工程的施工过程中，人员流动比较频繁，现场环境变化也比较快，因此，应急测试的安排不一定按照统一的时间间隔，而应根据工程的进展和人员的变化情况确定。当工程施工发生阶段性变化，或作业人员变化时，应及时进行应急测试。

应急测试的方法包括实际演练、计算机模拟等，其中实际演练更为逼真和有效，是现场演练的首选方法，其目的是测试应急计划最关键部分的有效性和应急计划过程中的完整性，评估本项目重大事故应急能力，识别资源需求，澄清相关小组和人员的职责，改善不同组织和人员之间的协调问题，检验应急响应人员之间的协调问题，检验应急响应人员对应急预案、执行程序的了解程度和实际操作技能，评估应急培训效果，分析培训需求，同时，作为一种培训手段，通过调整演习难度，进一步提高应急响应人员的业务素质和能力，发现并及时修改应急预案中的缺陷和不足。

应急演习是我国各类事故及灾害应急准备过程中的一项重要工作，多部法律、法规及规章对此都有相应的规定，如《消防法》《危险化学品安全管理条例》《矿山安全法实施条例》《使用有毒物品作业场所劳动保护条例》《核电厂核事故应急条例》《突发公共卫生事件应急条例》等规定有关企业和行政部门应针对火灾、化学事故、矿山灾害、职业中毒、核事故或突发性公共卫生事件定期开展应急演习。

应急演习的目的是通过培训、评估、改进等手段提高保护人民群众生命财产安全和环境的综合应急能力，说明应急预案的各部分或整体是否能有效地付诸实施，验证应急预案可能出现的各种紧急情况的适应性，找出应急准备工作中可能需要改善的地方，确保建立和保持可靠的通信渠道及应急人员的协同性，确保所有应急组织都熟悉并能够履行他们的职责，找出需要改善的潜在问题。

2. 应急测试的要求

应急演习类型有多种，不同类型的应急演习虽有不同特点，但在策划演习内容、演习情景、演习频次、演习评价方法等方面的共同要求包括：

（1）应急演习必须遵守相关法律、法规、标准和应急预案规定。

（2）领导重视、科学计划。开展应急演习工作必须得到有关领导的重视，给予财政等相应支持，必要时有关领导应参与演习过程并扮演与其职责相当的角色。应急演习必须事先确定演习目标，演习策划人员应对演习内容、情景等事项进行精心策划。

（3）结合实际、突出重点。应急演习应结合当地可能发生的危险源特点、潜在事故类型、可能发生事故的地点和气象条件及应急准备工作的实际情况进行。演习应重点解决应急过程中组织指挥和协同配合问题，解决应急准备工作的不足，以提高应急行动的整体效能。

（4）周密组织、统一指挥。演习策划人员必须制定并落实保证演习达到目标的具体措施，各项演习活动应在统一指挥下实施，参演人员要严守演习现场规则，确保演习过程的安全。演习不得影响生产经营单位的安全正常运行，不得使各类人员承受不必要的风险。

（5）由浅入深、分步实施。应急演习应遵循由下而上、先分后合、分步实施的原则，综合性的应急演习应以若干次分练为基础。

（6）讲究实效、注重质量的要求。应急演习指导机构应精干，工作程序要简明，各类演习文件要实用，避免一切形式主义的安排，以取得实效为检验演习质量的唯一标准。

（7）应急演习原则上应避免惊动公众，如必须卷入有限数量的公众，则应在公众教育得到普及、条件比较成熟时进行。

3. 应急演习参与人员

应急演习参与人员按照演习过程中扮演的角色和承担的任务，可将应急演习参与人员分为如下三类：

（1）演习人员

演习人员是指在演习过程中尽可能对演习情景或模拟事件做出其在真实情景下可能采取响应行动的人员，也就是通常所说的演员。他们所承担的具体任务包括：救助伤员或被困人员；保护财产和安全健康；获取并管理各类应急资源；与其他应急响应人员协同应对重大事故或紧急事件。演习人员主要来自项目部和其他相关方。

（2）控制人员

控制人员是指根据演习情景，控制应急演习进展的人员。他们在演习过程中的任务包括：确保应急演习目标得到充分演示；确保演习活动对于演习人员具有一定的挑战性；保证演习进度；解答演习人员疑问和演习过程中出现的问题；保证演习过程的安全。

（3）模拟人员

模拟人员是指在演习过程中扮演、替代正常情况下应与应急指挥中心、现场应急指挥所互相作用的人员。

应急演习应建立演习策划小组，由其完成应急准备阶段，包括编写演习方案、制定现场规则等在内的各项任务。

二、应急演习的任务

城市开展应急演习过程可划分为演习准备、演习实施和演习总结三个阶段。应急演习是由多个组织共同参与的一系列行为和活动，按照应急演习的三个阶段，可将演习前后应予完成的内容和活动分解并整理成二十项单独的基本任务。

（1）确定演习日期。

（2）确定演习目标和演示范围。

（3）编写演习方案。

（4）确定演习现场规则。

（5）指定评价人员。

（6）安排后勤工作。

（7）准备和分发评价人员工作文件。

（8）培训评价人员。

（9）讲解演习方案与演习活动。

（10）记录应急组织演习表现。

（11）评价人员访谈演习参与人员。

（12）汇报与协商。

（13）编写书面评价报告。

（14）演习人员自我评价。

（15）举行公开会议。

（16）通报不足项。

（17）编写演习总结报告。

（18）评价和报告不足项补救措施。

（19）追踪整改项的纠正。

（20）追踪演习目标演示情况。

三、应急演习的目标及分类

1. 应急演习目标

应急演习目标是指检查演习效果，评价应急组织、人员应急准备状态和能力的指标。下述十八项演习目标基本涵盖重大事故应急准备过程中，应急机构、组织和人员应展示出的各种能力。在设计演习方案时应围绕这些演习目标展开。

（1）应急动员

展示通知应急组织，动员应急响应人员的能力。本目标要求责任方应具备在各种情况下警告、通知和动员应急响应人员的能力，以及启动应急设施和为应急设施调配人员的能力。责任方既要采取系列举措，向应急响应人员发出警报，通知或动员有关应急响应人员各就各位，还要及时启动应急指挥中心和其他应急支持设施，使相关应急设施从正常运转状态进入紧急运转状态。

（2）指挥和控制

展示指挥、协调和控制应急响应活动的能力。本目标要求责任方应具备应急过程中控制所有响应行动的能力。事故现场指挥人员、应急指挥中心指挥人员和应急组织、行动小组负责人员都应按应急预案要求，建立事故指挥系统，展示指挥和控制应急响应行动的能力。

（3）事态评估

展示获取事故信息，识别事故原因和致害物，判断事故影响范围及其潜在危险的能力。本目标要求应急组织具备主动评估事故危险性的能力。即应急组织应具备通过各种方式和渠道，积极收集、获取事故信息，评估、调查人员伤亡和财产损失、现场危险性以及危险品泄漏等有关情况的能力；具备根据所获信息，判断事故影响范围，以及对居民和环境的中长期危害的能力；具备确定进一步调查所需资源的能力；具备及时通知国家、省及其他应急组织的能力。

（4）资源管理

展示动员和管理应急响应行动所需资源的能力。本目标要求应急组织具备根据事态评估结果识别应急资源需求的能力，以及动员和整合内外部应急资源的能力。

（5）通信

展示与所有应急响应地点、应急组织和应急响应人员有效通信交流的能力。本目标要求应急组织建立可靠的主通信系统和备用通信系统，以便与有关岗位的关键人员保持联系。应急组织的通信能力应与应急预案中的要求相一致。通信能力的展示主要体现在通信系统及其执行程序的有效性和可操作性方面。

（6）应急设施、装备和信息显示

展示应急设施、装备、地图、显示器材及其他应急支持资料的准备情况。本目标要求应急组织具备足够应急设施，且应急设施内装备、地图、显示器材和应急支持资料的准备与管理状况能满足支持应急响应活动的需要。

（7）警报与紧急公告

展示向公众发出警报和宣传保护措施的能力。本目标要求应急组织具备按照应急预案中的规定，迅速完成向一定区域内公众发布应急防护措施命令和信息的能力。

（8）公共信息

展示及时向媒体和公众发布准确信息的能力。本目标要求责任方具备向公众发布确切信息和行动命令的能力。即责任方应具备协调其他应急组织，确定信息发布内容的能力；具备及时通过媒体发布准确信息，确保公众能及时了解准确、完整和通俗易懂信息的能力；具备谣言控制，澄清不实传言的能力。

（9）公众保护措施

展示根据危险性质制定并采取公众保护措施的能力。本目标要求责任方具备根据事态发展和危险性质选择并实施恰当公众保护措施的能力，包括选择并实施学生、残障人员等特殊人群保护措施的能力。

（10）应急响应人员安全

展示监测、控制应急响应人员面临的危险的能力。本目标要求应急组织具备保护应急响应人员安全和健康的能力，主要强调应急区域划分、个体保护装备配备、事态评估机制与通信活动的管理。

（11）交通管制

展示控制交通流量，控制疏散区和安置区交通出入口的组织能力和资源。本目标要求责任方具备管制疏散区域交通道口的能力，主要强调交通控制点设置、执法人员配备和路障清除等活动的管理。

（12）人员登记、隔离与去污

通过人员登记、隔离与消毒过程，展示监控与控制紧急情况的能力。本目标要求应急组织具备在适当地点（如接待中心）对疏散人员进行污染监测、去污和登记的能力，主要强调与污染监测、去污和登记活动相关的执行程序、设施、设备和人员情况。

（13）人员安置

展示收容被疏散人员的程序、安置设施和装备，以及服务人员的准备情况。本目标要求应急组织具备在适当地点建立人员安置中心的能力，人员安置中心一般设在学校、公园、体育场馆及其他建筑设施中，要求可提供生活必备条件，如避难所、食品、厕所、医疗与健康服务等。

（14）紧急医疗服务

展示有关转运伤员的工作程序、交通工具、设施和服务人员的准备情况，以及展示医护人员、医疗设施的准备情况。本目标要求应急组织具备将伤病人员运往医疗机构的能力和为伤病人员提供医疗服务的能力。转运伤病人员既要求应急组织具备相应的交通运输能力，也要求具备确定伤病人员运往何处的决策能力。医疗服务主要是指医疗人员接收伤病人员的所有响应行动。

（15）24小时不间断应急

展示保持24小时不间断的应急响应能力。本目标要求应急组织应急过程中具备保持24小时不间断运行的能力。重大事故应急过程可能需坚持1日以上的时间，一些关键应急职能需维持24小时的不间断运行，因而责任方应能安排两班人员轮班工作，并周密安排接班过程，确保应急过程的持续性。

（16）增援（国家、省及其他地区）

展示识别外部增援需求的能力和向国家、省及其他地区的应急组织提出外部增援要求的能力。本目标要求应急组织具备向国家、省及其他地区请求增援，并向外部增援机构提供资源支持的能力。主要强调责任方应及时识别增援需求、提出增援请求和向增援机构提供支持等活动。

（17）事故控制与现场恢复

展示采取有效措施控制事故发展和恢复现场的能力。本目标要求应急组织具备采取针对性措施，有效控制事故发展和清理、恢复现场的能力。事故控制是指应急组织应及时扑灭火源或遏制危险品溢漏等不安全因素，以避免事态进一步恶化。现场恢复是指应急组织为保护居民安全健康，在应急响应后期采取的清理现场污染物、恢复主要生活服务设施、制定并实施人员重入、返回与避险措施等一系列活动。

（18）文件化与调查

展示为事故及其应急响应过程提供文件资料的能力。本目标要求应急组织具备根据事故及其应急响应过程中的记录、日志等文件资料调查分析事故原因并提出应急不足改进建议的能力。从事故发生到应急响应过程基本结束，参与应急的各类应急组织应按有关法律法规和应急预案中的规定，执行记录保存、报告编写等工作程序和制度，保存与事故相关的记录、日志及报告等文件资料，供事故调查及应急响应分析使用。

2. 应急演习分类

每一次演习并不要求全部展示上述所有目标的符合情况，也不要求所有应急组织全面参与演习的各类活动，但为检验和评价事故应急能力，应在一段时间内对上述的十八项应急演习目标进行全面的演练。

根据应急演习的规模，可将演习分为以下三类：

（1）单项演习。这是为了熟练掌握应急操作或完成某种特定任务所需技能而进行的演习。此类演习如通信联络程序演习、人员集中清点、应急装备物（物资）到位演习、医疗救护行动演习等。

（2）组合演习。这是为了检查或提高应急组织之间及其与外部组织之间的相互协调性而进行的演习。此类演习如毒物监测与消毒去污之间的衔接演习、应急药物发放与周边群众撤离演习、扑灭火灾与堵漏、关闭阀门演习等。

（3）综合演习。这是应急预案内规定的所有任务单位或其中绝大多数单位参加的为全面检查预案可执行性而进行的演习。此类演习较前两类演习更为复杂，需要更长的准备时间。

根据演习的形式，又可分为桌面演习和模拟实战演习。

3. 应急演习的准备

（1）演习策划小组

应急演习是一项非常复杂的综合性工作，为确保演习成功，演习组织单位应建立应急演习策划小组。策划小组应由多种专业人员组成，包括各工种专业人员。

（2）选择演习目标与演示范围

演习策划小组应事先确定本次应急演习的一组目标，并确定相应的演示范围或演示水平。

1）选择演习目标

策划小组应在演习需求分析的基础上选择演习目标。演习需求分析是指在评价以往重大事故和演习案例的基础上，分析本次演习需重点解决的问题、需检验的应急响应功能和演习的地理范围。

2）确定演习目标的责任方

策划小组应依据城市重大突发事故应急预案和应急响应程序，确定对负责各项演习目标的应急组织，即责任方。由于在应急预案或其执行程序中可能将多项应急响应功能分配给多个应急组织负责，因此，策划小组确认各演习目标的责任方时，应不仅分析演习目标，同时还应针对具体的应急响应功能进行分析。

3）签订演示协议

演示范围（或演示水平）是指对演习事件承担某项职责的应急

组织响应演习事件的行动与响应实际紧急事件的行动之间的一致程度。演习时，应急响应行动可以通过两种方式表现，一种是参与演习的应急组织按照实际紧急事件发生时应采取的行动而行动；另一种是通过模拟行动表现出来。与此相对应，应急组织参与演习可分为两类：全面参与和部分参与。全面参与指应急组织必须展示应急预案或执行程序中规定的所有应急响应能力，包括该组织应急设施内部的演习活动和现场（外部）的演习活动；部分参与指应急组织仅在该组织应急设施内部实施各项演习活动，而现场演习活动则通过模拟行动表现。

在开展重大事故全面应急演习时，并不一定要求与演习目标相关的应急组织全部参与，也不要求参与演习的应急组织全面参与。应急组织是选择全面参与还是部分参与主要取决于该组织是否是该次演习的培训对象和评价对象。如果不是，则该组织可以采取部分参与方式，其现场演习活动由控制人员或模拟人员以模拟方式完成。为确保演习成功进行，策划小组应与所有希望通过模拟行动展示演习目标的应急组织签订书面演示协议，规范演示范围，说明允许该组织展示应急演习目标时可采取的模拟行动。

（3）编写演习方案

演习方案应以演习情景设计为基础。演习情景是指对假想事故按其发生过程进行叙述性的说明，情景设计就是针对假想事故的发展过程，设计出一系列的情景事件，包括重大事件和次级事件，目的是通过引入这些需要应急组织做出相应响应行动的事件，刺激演习不断进行，从而全面检验演习目标。演习情景中必须说明何时、何地、发生何种事故、被影响区域、气象条件等事项，即必须说明事故情景。演习人员在演习中的一切对策活动及应急行动，主要是针对假想事故及其变化而产生的，事故情景的作用在于为演习人员的演习活动提供初始条件并说明初始事件的有关情况。事故情景可通过情景说明书加以描述，并以控制消息形式通过电话、无线通信、传真、手工传递或口头传达等传递方式通知演习人员。

演习方案主要包括情景说明书、演习计划、评价计划、情景事件总清单、演习控制指南、演习人员手册和通信录等演习文件。

1）情景说明书。情景说明书的主要作用是描述事故情景，为演习人员的演习活动提供初始条件和初始事件。情景说明书主要以口头、书面、广播、视频或其他音频方式向演习人员说明。

2）演习计划。演习的目的在于检验和提高应急组织的总体应急响应能力，使应急响应人员将已经获得的知识和技能与应急实际相结合。为确保演习成功，策划小组应事先制订演习计划。

3）评价计划。评价计划是对演习计划中演习目标、评价准则及评价方法的扩展。内容主要是对演习目标、评价准则、评价工具及资料、评价程序、评价策略、评价组组成以及评价人员在演习准备、实施和总结阶段的职责和任务的详细说明。

4）情景事件总清单。情景事件总清单是指演习过程中需引入情景事件（包括重大事件或次级事件）按时间顺序的列表，其内容主要包括情景事件及其控制消息和期望行动，以及传递控制消息时间或时机。情景事件总清单主要供控制人员管理演习过程使用，其目的是确保控制人员了解情景事件应何时发生、应何时输入控制消息等信息。

5）演习控制指南。演习控制指南是指有关演习控制、模拟和保障等活动的工作程序和职责的说明。该指南主要供控制人员和模拟人员使用，其用途是向控制人员和模拟人员解释与他们相关的演习思想，制定演习控制和模拟活动的基本原则，建立或说明支持演习控制和模拟活动顺利进行的通信联系、后勤保障和行政管理机构等事项。

6）演习人员手册。演习人员手册是指向演习人员提供的有关演习具体信息、程序的说明文件。演习人员手册中所包含的信息均是演习人员应当了解的信息，但不包括应对其保密的信息，如情景事件等。

7）通信录。通信录是指记录关键演习人员通信联络方式及其所在位置等信息的文件。

（4）制定演习现场规则

演习现场规则是指为确保演习安全而制定的对有关演习和演习控制、参与人员职责、实际紧急事件、法规符合性、演习结束程序等事项的规定或要求。演习安全既包括演习参与人员的安全，也包括公众和环境的安全。确保演习安全是演习策划过程中的一项极其重要的工作，策划小组应制定演习现场规则。

（5）培训评价人员

策划小组应确定演习所需评价人员数量和应具备的专业技能，指定评价人员，分配各自所负责评价的应急组织和演习目标。评价人员应来自城市重大事故应急管理部门或相关组织及单位，对应急演习和演习评价工作有一定的了解，并具备较好的语言和文字表达能力，必要的组织和分析能力，以及处理敏感事务的行政管理能力。此外，评价人员还应具备团队意识、客观、坚韧、思维敏捷、诚实等个人品质。评价人员数量根据应急演习规模和类型而定，对于参演应急组织、演习地点和演习目标较少的演习，评价人员数量需求也较少；反之对于参演应急组织、演习地点和演习目标较多的演习，评价人员数量也随之增加。

评价人员必须十分熟悉演习目标、评价准则、演示范围，以及演习评价程序与评价方法。因此，演习前，策划小组应专门为评价人员提供培训机会。

4. 应急演习过程

应急演习实施阶段是指从宣布初始事件起到演习结束的整个过程。虽然应急演习的类型、规模、持续时间、演习情景、演习目标等有所不同，但演习过程中应包括如下基本内容：

（1）演习控制

演习过程中参演应急组织和人员应尽可能按实际紧急事件发生时的响应要求进行演示，即"自由演示"，由参演应急组织和人员根据自己关于最佳解决办法的理解，对情景事件做出响应行动。策划小组或演习活动负责人的作用主要是宣布演习开始和结束，以及解决演习过程中的矛盾。控制人员的作用主要是向演习人员传递控制消息，提醒演习人员终止对情景演练具有负面影响或超出演示范围的行动，提醒演习人员采取必要行动以正确展示所有演习目标，终止演习人员不安全的行为，延迟或终止情景事件的演习。

演习过程中参演应急组织和人员应遵守当地相关的法律法规和演习现场规则，确保演习安全进行，如果演习偏离正确方向，控制人员可以采取"刺激行动"以纠正错误。"刺激行动"包括终止演习过程，使用"刺激行动"时应尽可能平缓，以诱导方法纠偏，只有对背离演习目标的"自由演示"才使用强刺激的方法使其中断反应。

（2）演习实施要点

为充分发挥演习在检验和评价企业应急能力方面的重要作用，演习策划人员、参演应急组织和人员针对不同应急功能的演习时，应注意如下演习实施要点：

1）早期通报。

2）指挥与控制。

3）通信。

4）警报与紧急公告。

5）公共信息与社区关系。

6）资源管理。

7）卫生与医疗服务。

8）应急响应人员安全。

9）公众保护措施。

10）火灾与搜救。

11）执法。

12）事态评估。

13）人道主义服务。

14）市政工程。

5. 应急演习评价、总结

（1）演习评价

演习评价是指观察和记录演习活动、比较演习人员表现与演习目标要求并提出演习发现的过程。演习评价目的是确定演习是否达到演习目标要求，检验各应急组织指挥人员及应急响应人员完成任务的能力。要全面、正确地评价演习效果，必须在演习覆盖区域的关键地点和各参演应急组织的关键岗位上，派驻公正的评价人员。评价人员的作用主要是观察演习的进程，记录演习人员采取的每一项关键行动及其实施时间，访谈演习人员，要求参演应急组织提供文字材料，评价参演应急组织和演习人员表现并反馈演习发现。

（2）应急演习总结

演习结束后，进行总结与讲评是全面评价演习是否达到演习目标、应急准备水平及是否需要改进的一个重要步骤，也是演习人员进行自我评价的机会。演习总结与讲评可以通过访谈、汇报、协商、自我评价、公开会议和通报等形式完成。演习总结应包括如下内容：

1）演习背景。

2）参与演习的部门和单位。

3）演习方案和演习目标。

4）演习过程的全面评价。

5）演习过程发现的问题和整改措施。

6）对应急预案和有关程序的改进建议。

7）对应急设备、设施维护与更新的建议。

8）对应急组织、应急响应人员能力和培训的建议。

第三节　建筑施工各工种预案训练

在建筑施工现场各工种之间，工作的侧重点不同，因此，出现事故的类型和可能性也均不同。在日常的培训中，应按各工种的特点进行培训，以下是对建筑施工现场常见工种的预案训练的简要概述，在具体的操作中，各自可根据现场实际情况制定更严格的培训措施。

一、进入现场危险常识预案训练

1. 进入施工区域的人员必须戴好安全帽，并且要系好安全帽的带子。防止高处坠落物体砸在头部或其他物体碰触头部造成伤害。

2. 施工区禁止光脚，穿拖鞋、高跟鞋或带钉易滑鞋。

3. 施工现场一切安全设施不要擅自拆改。防止因没有安全设施而发生伤亡事故。

4. 非本工种职工禁止乱摸、乱动各类机械电器设备，不要在起重机械吊物下停留，以防止机械伤害、触电事故及物体打击事故。在楼层卸料平台上，禁止把头伸入井架内或在外用电梯楼层平台处张望，防止吊笼切人事故。

5. 施工现场要注意车辆，不要钻到车辆下休息，防止车辆轧人。

6. 注意楼内各种孔洞，上脚手架注意探头板、孔洞及周边防护，防止高处坠落。

7. 高处作业时，严禁向下扔任何物体，防止砸伤下方人员。

8. 进入现场禁止打闹，严禁酒后操作，防止意外事故。

二、挖土工种危险预案训练

1. 挖土

（1）防止工具伤害

1）开始挖土前，要检查所使用的工具，铁锹把、铁镐把安装是否牢固，是否有劈裂现象，以防在挖土时，铁锹头、镐头脱落或因锹、镐把折断飞出伤人。

2）挖土时，人与人的距离要保持 2～3 m，避免在挥动工具时伤人。

（2）防止土方塌落

1）挖槽、坑达到一定深度时，小心土方塌落，如发现土质松软，坑槽边有裂缝、下沉现象，应立即停止挖土，找工长报告。在放坡时，要根据工长交底放坡。千万不要图省事，擅自缩小放坡坡度。

2）雨天干活时，应先查看坑、槽边坡有无裂纹塌陷现象，不要挖坑、槽边设置的挡水埝，防止雨水倒灌。坑、槽内存有积水应及时排干净，以免影响施工及引起坑壁塌方。

3）挖土时要由上向下挖，严禁掏挖，防止形成空洞，造成上面的土方坍塌把人砸伤或埋在土里。

4）挖土的土方要放在坑、槽边 1.5 m 以外，高度不要超过 1.5 m，大量土方堆集在坑、槽边会造成以下危险：①坑壁承侧压力大，会产生坍塌；②堆积的土方本身很松软容易坍塌，堤落的土方落入坑内会将坑下挖土的人掩埋。因此，要指定专人将坑边堆土不断向外倒出 1.5 m 以外。

（3）防止触电事故

使用蛙式打夯机要相应固定专人负责，使用前先检查电闸箱是否安装漏电保护装置，电源线外皮是否破损，没有安装漏电保护装置和电源线裸露的都不要使用，防止触电事故。使用夯机拍槽底时，由二人操作，操作时要戴上绝缘手套扶夯，另一人拉电源线，防止电源线将夯机缠绕或防止夯机拍打电源线，致使电源线外皮破损，造成触电伤害。发现夯机有漏电现象，应立即拉闸断电，向工长报告，同时要指定专人看护夯机，防止其他人动用夯机。使用夯机时，发现有问题，要先拉闸断电，要找机工修理。挪动夯机前也应先拉断电源。因雨雪停工，夯机要停放到沟槽上，盖好或苫好，防止电机被雨雪浸湿后，发生触电事故。

（4）防止其他事故

1）挖坑、槽时，发现地下有电缆、弹药、各种管道及不明物体时，应立即停止挖土向工长报告，采取措施后，再进行挖土。

2）坑、槽挖到一定深度，挖出的土方需要用简单的吊具垂直运输时，吊物垂直下方是危险区域。因此，吊具所使用的绳索、滑轮、吊钩笭筐等要完好牢固。起吊时，吊物垂直下方不准站人，防止吊物坠落伤人。

3）人工挖土需要打钎时，锤把安装要结实，锤把不得劈裂。扶钎人不能用手扶，要用长把工具夹住钎杆，防止打锤人失误，大锤砸偏伤人。打锤人与扶钎人不要对面站立，防止锤头脱落伤人。

4）清理槽底的工人在配合机械挖土时，要躲开挖土斗 4 m 以外，并注意挖土斗移动的方向，如果离挖土斗过近容易发生误伤。

5）配合各工种在高处操作时，要预防从高处坠落；在脚手架上作业时，要先查看有没有探头板和孔洞，护身栏，挡脚板齐不齐，如存在安全隐患，应找工长及时解决。

2. 运输

（1）用手推车运料时，装料不要装偏，也不要超载，否则容易翻车。推车时，要注意前方，禁止推车急跑、猛拐。避免因不能及时停车而发生事故。更不要撒把溜车。卸料时，严禁猛推撒把卸料，防止手推车翻过去碰伤对面的人员，或翻回来砸伤自己。

（2）用井架（高车架）垂直运输时，零散材料码放不要超出车厢，以防滑落伤人。所运材料要码放整齐平稳，关好吊笼门，防止手推车震动而滑动、溜车造成事故。

（3）由人运送各种物件的过程中，存在砸、扭、撞击的危险。多人抬同一重物时，要统一指挥，同起同落，步调一致，做到互相照应，注意脚下障碍物，随时提醒后面人员，所抬重物不要离地太高，最好不超过 30 cm。

（4）运送长料时应注意周围环境，防止长料碰伤人和触电。

（5）人工搬运搅拌机，首先要拉闸断电，防止触电事故，上料斗要挂好、绑牢，防止在搬运过程中挂钩脱落，料斗落下砸人，遇到上下坡时，搅拌机可能发生倾倒。因此，在搅拌机倾倒方向不要有人，防止搅拌机倾倒砸人。同时，应有临时别杆和挡木制动措施，防止溜车碾轧伤人。

（6）跟随翻斗车、汽车、拖拉机运料的人员，在车辆停稳前，不要急忙上下，否则很容易扭脚、摔倒或让车辆剐倒轧伤。

（7）车上装载的物料要放稳绑牢，随车运料人员不准坐在物料前方，以防急刹车时物料突然向前滑动，造成伤人事故。另外，也不要坐在物料上，防止车辆刹车或拐弯时将人甩出车外。

（8）装卸物料时禁止抛掷，野蛮装卸会造成物体打击事故。装卸时要轻拿轻放，放汽车槽帮时要由两人同时操作，并且站在槽帮的侧面，防止沉重的槽帮下落伤人。

（9）车辆要倒退时，应设一名指挥人员，指挥人员应站在槽帮的侧面，并且与车辆保持一定距离，车辆行程范围内的砖垛、门垛下不要站人，防止车辆意外撞倒砖垛、门垛砸人。

（10）休息时，不要钻到车辆下面休息，防止车辆启动时伤人。

3. 清理

（1）楼层里的施工垃圾，内有许多砖头、混凝土块、废零件、碎钢筋头等物体。清理垃圾时，如果从高处向下乱扔乱倒，容易发生砸伤人的事故，因此，禁止从高处向下乱扔乱倒垃圾。

（2）清理楼层时，千万要注意孔洞，遇有地面上铺有盖板时，要注意检查盖板下面是否有孔洞。挪动盖板时，要格外小心不要猛掀，可采用拉开两人抬的方法挪开盖板，防止一边掀一边往前走误入孔洞发生坠落事故。

（3）对现场的各类电器、机械设备严禁乱动，不要随便拆解安全网、护身栏及其他安全防护设施。

三、混凝土、灰土工工种危险预案训练

1. 防止倒塌砸伤

（1）搬运袋装水泥时，应逐层从上往下阶梯式搬运，严禁从下抽拿，防止水泥倒垛伤人。存放水泥时，应压碴码放，并且不要堆放过高，防止散垛倒塌。水泥袋码垛不要紧靠墙壁，防止挤塌墙壁伤人。

（2）冬季挖运砂子，严禁掏挖，防止砂堆坍塌伤人。

2. 防止机械伤害

（1）向搅拌机料斗倒料时，脚不要蹬在料斗上，防止滑倒伤人。料斗起斗时，操作人员要闪开，防止料斗伤人。清理料斗坑前，要先与机工联系好，拉闸断电并把料斗两个保险钩挂好再进行清理，防止料斗下落伤人。

（2）搅拌机运转中，不要用工具伸进搅拌筒内扒料，更不准伸入筒内查看，防止机械伤人。发现故障时，要拉闸停机，再请机工修理。

3. 防止高处坠落

（1）浇灌混凝土柱子、大梁时，不要站在模板边缘或支撑上，防止从高处坠落。浇筑楼板混凝土时，注意脚下钢筋，防止绊倒摔伤及钢筋扎伤。禁止攀登模板上下防止摔伤。

（2）冬季施工打完混凝土楼板后，各类孔洞要有牢固的盖板，然后再盖上其他保温设施，不能用草帘子等覆盖孔洞，防止其他人

误入洞口从高处坠落。

(3) 浇水养护和冬季施工测温时，注意脚下及附近有无孔洞、磕绊物和周边防护。

4. 防止触电事故

(1) 震捣混凝土时周围环境潮湿，水多，容易发生触电事故。所以使用震捣棒必须要配有漏电保护装置，否则不准使用。操作前，应检查电源线是否有破损。震捣混凝土时，操作人员要穿胶靴、戴绝缘手套。

(2) 使用蛙式打夯机前，应检查闸箱是否有漏电保护器。操作夯机需由两人配合作业，操作时要戴好绝缘手套，一人拉线避免打夯时电源线缠在夯机上或夯打电源线，一人操机夯土，发现夯机漏电时，应立即拉闸断电，向工长报告。同时，指定专人看守夯机，防止其他人动用触电。

5. 防止其他伤害

(1) 用塔吊运送混凝土时，起吊物下方不要站人，防止料斗突然下降砸伤人。

(2) 闷灰要佩戴必要的防护用品，如长筒胶靴、口罩等。站在灰堆上操作时，脚下要垫木板，不要直接站在石灰里，石灰腐蚀性强，温度也高，容易发生烫人事故。插放水管化灰时，脸部不要正对水眼，防止灰中压力较大，灰块从水眼中爆发出来伤人。

(3) 混凝土工不准代替机工、电工操作或维修机电设备，防止触电伤人。

四、瓦工工种危险预案训练

1. 防止倒塌

(1) 在深度超过 1.5 m 的基础内砌砖，应检查槽帮有无裂缝、水浸或坍塌现象。如有问题应立即找工长，采取安全措施后再进行施工。运送砖、砂浆要设有溜槽，不准向下猛抛掷。各类工具也不准抛掷，以防止砸伤人。

（2）架子上堆砖，不得超过三码，防止码砖过重压垮架子或砖垛过高散垛砸伤人。

（3）屋面上瓦时应从两坡对称同时进行，以保持屋面受力均衡，否则容易产生屋面倒塌伤人。

（4）砌墙超过1.8 m时，要根据情况加固，以防止倒塌。

（5）拆除砖墙时，不许图省事用人推，防止砖墙倒塌而发生砸伤事故。

2. 防止高处坠落

（1）蹬上脚手架工作前，应先查看脚手板铺得严不严，有没有探头板、护身栏和挡脚板是否齐全。如有问题应找工长解决。

（2）休息时，不准坐在护身栏杆上，防止人的重心不稳或栏杆断裂摔人。

（3）新砌的砖墙砂浆未干，还不结实，严禁在墙上行走，防止把砖蹬翻，人体失稳，摔下致伤。

（4）砌砖时，不要站在墙体上掏灰、画线，查看大脚垂直度和清扫墙面，防止发生人员坠落事故。

（5）屋面坡度大于25°时，人站在上面处于不平稳状态，外脚手架除脚手板必须铺严绑牢以外，防护栏杆不得低上沿口1.5 m，防止人员坠落。

3. 防止物体打击

（1）操作人员打砖时要面向墙里，把砖头打在脚手板上，防止砖头飞出伤人。脚手板上的废砖头不要向下扔，以免砸伤人。

（2）安置过梁时，脚要站稳。几个人一起操作时，动作要一致，轻起轻放防止砸手。放混凝土过梁时，下方不准有人。

五、木工工种危险预案训练

1. 防止倒塌

（1）在坑槽内支模时，先查看槽帮，有没有要塌方的现象，防止在支模时塌方伤人。

（2）支模应按工序操作，模板没有固定好之前不得进行下道工序，否则模板受外界影响容易倒塌伤人。

2. 防止高处坠落

（1）在高处作业支模时，有高处坠落和掉下物体伤人的危险，因此，支模人员要做到以下几点：①上下要走梯道，严禁利用模板栏杆支撑上下；②站在活动平台上支模；③挂好安全带；④工具要随手放入工具袋内，禁止抛掷任何物体。

（2）安装二层楼以上外墙窗扇时，应挂好安全带，防止高处坠落，工具要随手放进工具袋内，严禁向窗外抛掷物体，防止砸伤其他人。

（3）板条天棚及隔音板容易踩断、踏碎。因此，人不要直接在它上面行走，防止人摔下来。必须通行时，应在大楞上铺脚手板。

（4）钉屋檐板，应站在脚手架上操作，不准在屋面上探下身体操作，防止摔伤。

（5）严禁在石棉瓦上行走，防止因为踩碎石棉瓦而造成高处坠落事故。屋架下没有水平安全网或其他安全设施，不能进行施工。

3. 防止物体打击和机械伤害

（1）拆模前应先制定出拆模顺序，每段模板应拆除彻底，不得留有零星模板，并应随拆随清，保持道路畅通。拆模时不要猛撬、硬砸模板，防止模板突然下落，倒塌砸伤人。更不要为了快拆，采取大面积撬落拉倒，造成大面积模板倒塌下落，防止因无法及时躲闪造成砸伤事故。拆模板时，要防止钉子扎脚。

（2）电刨、电锯安全防护装置要完整有效，使用时禁止用手清理刀具，防止刀具伤手。送料要缓慢均匀。电锯锯料时为了防止木料反弹伤人，应安装分料器。

4. 防止触电事故

动用手持电动工具时，要配有漏电保护装置，操作时要戴绝缘手套，防止发生触电事故。

5. 其他伤害

木工房内刨花、锯末要及时清理，木工房内严禁吸烟，防止引燃刨花、锯末。木工房内空气要畅通，防止锯末粉尘爆炸，并应设消防器具和消防水桶。

六、钢筋工工种危险预案训练

1. 拉直盘条钢筋应单根拉。几根一起拉时，容易产生一根已被拉断，而其他根尚未拉直的问题。盘条钢筋拉断将会产生很大的反弹力，容易伤人。拉钢筋时要用卡头把钢筋卡牢，地锚要牢固。否则在拉钢筋当中，钢筋从卡头脱出或地锚被拉出，也将产生很大的反弹力，容易发生事故。拉筋沿线应设禁区，防止意外伤人。

2. 人工绞磨拉直盘条，要用手推，动作要协调一致，注意脚下磕绊物。松解时要缓慢，不准撒手松开，防止推杆突然快速倒转打伤人。绞磨要设有防回转安全装置，否则，不准使用。

3. 切断圆盘钢筋时要先固定住钢筋，防止钢筋回弹伤人。

4. 绑扎钢筋不要站在钢筋柱下绑扎，应站在操作架上，在建筑物上运送钢筋时，防止钢筋碰触电线造成触电事故。同时，还要注意防止钢筋打伤人。

5. 用切断机断料时，手与刀口距离应不少于 15 cm。操作时要集中注意力，切断短钢筋长度不应小于 40 cm，不要用手直接送料，应用套管或钳子夹料，以防伤手。另外，要随时清除切掉的短小钢筋头，防止伤人。

七、抹灰工工种危险预案训练

1. 抹灰工上架子操作前，应检查脚手板铺得严不严，有没有探头板、护身栏，挡脚板是否齐全。发现有问题时应找工长解决。自己不得拆改架子，严禁拆除架子与建筑物之间的拉接，防止架子倒塌造成大的事故。

2. 架子上放料严禁超重，防止压垮架子。灰桶和其他材料应分散放置，不要集中放置，防止压断脚手板。

3. 室内抹灰使用的木凳或金属支架应支搭平稳，跨度不得大于2 m，防止木凳或金属支架倒塌摔人。在高大窗口前工作时，应将窗子关好，加插销或在窗外设置防护措施，防止操作人员从窗口摔出去，造成高处坠落事故。

4. 在阳台部位抹灰时，不要踩踏护身栏杆和阳台栏杆，防止踩断护身栏杆和阳台栏杆或由于脚下打滑自身失稳造成坠落。

5. 在屋面上抹灰，要注意脚下及周围环境，防止从槽口掉下去。周边要设护身栏。

八、油漆玻璃工工种危险预案训练

1. 防止爆燃

(1) 汽油、漆料、稀料均是易燃、易挥发物质，遇明火或温度过高时会瞬间爆炸燃烧。因此，要单独存放在专用库房内，不得与其他材料混放。为了防止库房内易燃、易爆气体浓度过高，库房通风要良好。易挥发的汽油、稀料应装入密闭容器中。严禁在库房内吸烟。库房也不能当宿舍住人，严禁使用任何明火。

(2) 配料间与库房严禁设置在一起。配料间要单独设立。配料时严禁吸烟，防止易燃物遇明火发生事故。

2. 防止高处坠落

(1) 高处作业时（如刷外开窗扇），应将安全带挂在牢固的部位。刷封搪板、水漏管等，要站在脚手架或吊架中。安全防护要齐全完好。

（2）使用的人字梯应设有保险链，梯脚底部要有防滑措施，防止人字梯从中间劈开或梯子滑倒造成摔人事故。梯子需要挪动，人应下来搬动梯子，严禁人站在梯子上，像踩高跷那样挪动梯子，否则容易造成梯倒人摔。

3. 防止其他伤害

（1）搬运玻璃应戴手套或用布及厚纸垫好边口，防止玻璃割手。行走时，注意脚下障碍物，防止摔伤或玻璃扎手。

（2）安装玻璃时，严禁交叉作业，防止上方物体坠落砸伤下方作业人员。

（3）使用各类型电动工具，要有漏电保护装置，操作人员要戴绝缘手套。

九、油毡工工种危险预案训练

1. 防止火灾

（1）选择炉灶位置，不应选择在电线的垂直下方，防止烧着电线引起火灾及其他意外事故。灶口与锅台应有 70 cm 以上距离，防止从灶口冒出来的火焰点燃锅中的沥青。锅灶旁不得堆放易燃物。临时堆放沥青、燃料的场地离灶口距离不应小于 5 m。防止灶口点燃周围易燃物，点火前要经消防部门批准，开用火证。

（2）熬制沥青时，装料不得超过锅容量的 3/4，熬油量过多沥青会溢出造成火灾事故。下料时不要投放，防止溅出热沥青烫伤人。下料可采用顺锅边溜放。

（3）熬制沥青应设专人看守，看守人员不要擅离职守。

（4）锅内沥青油着火，千万不能用水浇，这样会使火势扩大。应事先准备好铁板，用铁板盖住锅口，并停止鼓风，封闭炉门或用干沙、湿麻袋灭火。

2. 防止烫伤

（1）运输热沥青时所用容器盛油量不要超过容器的 3/4，防止途中溢出、溅出烫伤人。操作人员要戴鞋盖、长袖手套、口罩等防护用品。

（2）用肩抬或手推车运输热沥青，应先清理好道路，途中要注意前方，防止撞人或翻车。向上方吊运热沥青时，盛油的容器应加盖封闭，吊运所用绳具一定要结实。吊运过程中，吊物垂直下方不要站人。

（3）铺贴卷材时，油壶不要距卷材过高。防止热沥青四溅烫伤人。铺贴立面时，不应先封口，防止在压平油毡时热油从两旁溢出烫伤操作人员。

（4）配制冷底子油时，要缓慢加放。沥青温度不宜过高，室内通风要好，操作时严禁吸烟，严禁在明火上作业，要远离火源，防止发生爆炸事故。

（5）下班前应熄灭灶中火，并闭灶门，盖好锅盖，方可离开。防止余火引起火灾。

3. 防止中毒

在密闭或半密闭场所进行沥青油毡作业时，要防止烟尘中毒，操作地点要保持通风良好。在通风不好的地方（如地下室、管沟等），作业时间不宜过长，应轮换进行操作。

第六章
建筑施工应急救援预案示例

应急预案可以有效地提高应急救援的快速反应和协调水平，确保迅速有效地处置各类安全生产事故，把损失降低到最低程度。其格式并不重要，重要的是应急计划中要包含所有必备要素。本章就建筑企业施工过程中一些常见的事故提供一些范例，供实际应用之参考。

第一节　施工现场应急预案示例

一、工程建设安全生产事故应急救援预案

根据《中华人民共和国安全生产法》《建设工程安全生产管理条例》《工程建设重大事故报告和调查程序规定》（建设部令第3号），结合公司实际，特制定本预案。

1. 适用范围及事故确定

适用范围：适用于××公司承包施工的各类工程建设过程中由于责任过失造成工程倒塌或报废，机械设备毁坏和安全设施失当造成人身伤亡或者重大经济损失的事故。

事故确定：

（1）本预案所指的重大事故

1) 一次死亡 3 至 9 人或直接经济损失 500 万至 1 000 万元的事故。

2) 需对事发地周边人员进行大疏散的可燃气体、可燃液体、毒气、放射性物质大量溢散、泄漏的事故。

3) 性质严重、影响重大的其他事故。

(2) 本预案所指的特大事故

1) 一次死亡 10 人及以上或直接经济损失 1 000 万元以上各类事故。

2) 其他性质特别严重，产生重大影响的事故。

2. 事故报告与现场保护

凡××公司承包工程发生事故后，事故发生单位（工程项目部）必须立即向公司负责人、生产负责人、安全生产管理科长、工程相关分公司负责人及工程负责人报告。公司负责人、生产负责人、安全生产管理科长、工程相关分公司负责人及工程负责人接到事故报告后应迅速调集力量赶赴事故现场组织抢险救护，同时应将事故信息立即报告工程所在地负责安全生产监督管理的部门、建设行政主管部门或者其他有关部门。若为公司施工总承包的建设工程，在进一步了解事故情况后，事故发生单位（工程项目部）必须配合公司安全生产管理科及有关负责人在 24 小时内写出书面报告，按上述所列程序和部门逐级上报；若为公司分承包的建设工程，事故发生单位（工程项目部）应主动配合施工总承包单位做好事故报告工作。

事故报告应包括以下内容：

(1) 事故发生时间、地点、工程项目、企业名称。

(2) 事故简要经过，伤亡人数，直接经济损失的初步估计。

(3) 事故发生原因初步判断。

(4) 事故发生后采取的措施及事故控制情况。

(5) 事故报告单位。

事故发生后，公司协助事故发生单位迅速组织抢险救护工作，立即组织力量对事故现场实行严密保护，防止随意挪动或丢失与事故有关的残骸、物品、文件资料等，因抢救人员、防止事故扩大以及疏导交通需要移动现场物件的，应做出标志，绘制现场简图，写出书面记录，采用拍照或录像手段妥善保存现场重要痕迹和物证。

3. 事故处置程序

发生事故后，公司负责人、生产负责人、安全生产管理科长、工程相关分公司负责人、工程负责人要及时赶赴事故现场，加强指挥工作，协调有关力量，对重大问题及时做出决策。公司相关部门负责人和工作人员要迅速到达现场开展工作。

处置程序：

（1）由总指挥委派现场指挥长组织现场指挥机构。

（2）根据部门职责及灾情，迅速调集力量，建立现场抢险救护工作组织。

（3）迅速开展抢险救治和善后处理工作。

（4）做好情况通报。

（5）开展事故调查。

4. 救援工作的领导、机构职能

（1）救援工作领导

建立××公司工程建设重特大事故应急救援指挥部。

总　指　挥：×××

副总指挥：×××

成　　　员：×××××××××

指挥部下设办公室，办公室由职能科室负责人和工作人员组成，负责处理日常工作。

指挥部职能：

1）向安全生产监督管理部门、建设行政主管部门或者其他有关部门报告事态发展情况，执行上级有关指示和命令。

2）发布应急救援命令、信号。

3）及时向现场派出指挥班子，并确定现场指挥最高负责人。

4）掌握汇总有关情报信息，及时做出处置决断。

5）负责对事故救援工作的指挥调度，调动有关力量进行抢险救护工作。

6）组织做好善后工作，配合上级开展事故调查。

（2）现场处置机构设置及职能

公司工程建设重特大事故指挥部根据现场需要派出现场指挥部。

指挥长：由总指挥根据事故类型指派分管副总经理担任。

成　　员：由相关职能部门负责人及事故发生单位领导担任。

现场指挥部下设专业抢险组、事故调查组、善后处理组和预备机动组。

现场指挥部职能：

1）及时向指挥部报告事态发展及抢险救护情况，提出救援意见和建议，执行指挥部决策、指示、命令，指挥现场处置行动。

2）迅速抢救伤员，采取控制事故险情蔓延扩大的有效措施。

3）负责现场救援工作所需要装备、器材、物资的统一调度和使用，以及救援工作人员的调配。

4）具体负责善后处理工作。

5. 现场分工和职责

事故发生后，按照指挥部指示，各相关科室和救援单位应召集足够人员，调集抢险救援装备器材物资迅速赶赴现场，在现场指挥部统一指挥下，按各自职责分工开展抢险救护工作，并由现场指挥长指定各组长单位。

（1）专业抢险组。主要任务是查明事故现场基本情况，制定现场抢险方案，明确分工，迅速组织灭火、打捞、工程拆除、矿井打道、挖掘坍塌建筑物土石方、关闭危险泄漏源，安全转移各类危险品等抢险行动，抢救受伤人员和财产，防止事故扩大，减少伤亡损失。

（2）事故调查组。负责查清事故发生时间、经过、原因、人员伤亡及财产损失情况，分清事故责任，并提出对事故责任者处理意见及防范措施。

（3）善后处理组。负责做好死难、受伤家属的安抚、慰问及思想稳定工作，消除各种不安定因素。

（4）预备机动组。由指挥长临时确定，机动组力量由指挥长调动、使用。

（5）在开展抢险救治过程中，应注意组织协调各种救援力量，落实各项安全防范措施，防止在抢险救援过程中发生其他意外事故。

6. 事故情况通报及调查处理

（1）做好事故情况通报工作

事故发生后，指挥部要及时做好上情下达、下情上报工作，迅速将事故灾情及抢险救治、事故控制、善后处理等情况按分类管理程序向安全生产监督管理部门、建设行政主管部门或者其他有关部门上报，并根据上级领导的指示，逐级传达到现场指挥领导和参与事故处理的人员。

（2）事故调查处理

事故现场调查组要抓紧时间做好重特大事故的现场勘查和调查取证工作。上级事故调查组到达现场后，如实汇报事故调查初步情况，提供相关调查取证资料，并根据上级调查组要求，按照行业对口关系，专职负责分工，抽调力量，协助进行深入调查取证工作。

附件：公司事故抢险队

编制单位：×××公司

编制时间：二○○×年××月××日

附件：

事故抢险队

××××公司工程建设质量安全事故抢险队：

队　长：×××　电话×××××××

副队长：×××　电话××××××

人员：×××××××××××××

固定在编抢险人员×××人，以公司的电工、焊工、起重司机、架子工、驾驶员、安全员等持证人员为主。

装备器具：

大型装备：配有自卸车 2 辆、载货汽车 1 辆、装载机 1 辆、铲车 1 辆、挖掘机 1 辆、16 t 汽车吊 1 辆。

小型器具：配有千斤顶、冲击钻、应急灯、污水泵、高压泵、云梯等。

二、施工现场重大事故应急预案

1. 编制依据

（1）中华人民共和国《建筑法》《安全生产法》《消防法》。

（2）国务院《危险化学品安全管理条例》。

（3）建设部《工程建设重大事故和调查程序规定》。

（4）《北京市建筑工程安全操作规程》。

2. 工程简况

××花园拟建的一期工程（B区）建筑物由 B1、B2 两栋建筑群组成，规划用地红线内的面积为 95 654.49 m²，整个用地由 A 区、B 区及市长大厦组成，B 区为一期工程，系本次施工范围，总建筑面积 89 607 m²，其中地上 64 480 m²，地下 25 127 m²，含 B1、B2 两栋楼及连接 B1、B2 楼的地下车库和相关设备用房。B1 楼为商住楼，由 B1－a、B1－b、B1－c 三座 12～16 层塔式住宅及商业群房组成，B2 楼为多层单元式住宅，为 7～9 层两个连体建筑及配套商业群房组成。拟建建筑物及广场全部分布地下室，地下室为二层。场地地形较平坦，场地地面标高为 48.59～49.28 m。

3. 重大事故（危险）发展过程及分析

（1）塔吊作业中突然安全限位装置失控，发生撞击高压护栏及相邻塔吊或坠物，或违反安全规程操作，造成重大事故（如倾倒、断臂）。

（2）基坑边坡在外力荷载作用下滑坡倒塌。

（3）高处脚手架发生部分或整体倒塌及搭拆作业发生人员伤亡事故。

（4）施工载人升降机操作失误或失灵。

（5）压力容器受外力作用或违反安全规程发生爆炸及由此引起的连锁反应事故（如起火）。

（6）自然灾害（如雷电、沙尘暴、地震、强风、强降雨、暴风雪等）对设施的严重损坏。

（7）塔吊和升降机安装、拆卸过程中发生的人员伤亡事故。

（8）运行中的电气设备故障或发生严重漏电。

（9）其他作业可能发生的重大事故（高处坠落、物体打击、起重伤害、触电等）造成的人员伤亡、财产损失、环境破坏。

4. 应急区域范围划定

（1）工地现场内应急区域范围划定

1）塔吊脚手架、施工用载人电梯事故，以事故危害形成后的任何安全区域为应急区域范围。

2）基坑边坡及自然灾害事故等危害半径以外的任何安全区域为应急区域范围。

3）电气设备故障、严重漏电事故以任何绝缘区域（如木材堆放场等）为应急区域范围。

（2）工地场外应急区域范围的划定

对事故可能波及工地（围挡）外，引起人员伤亡或财产损失的，需要当地政府的协调，属政府职能。在事故（危害）发生后及时通报政府或相关部门确定应急区域范围。

应急电话：火灾 119；医疗救护 120 或 999。

5. 应急预案的组织措施

（1）成立应急预案的独立领导小组（指挥中心）

应急预案领导小组及其人员组成。

组　长：

副组长：

组　员：

通信联络组　组长：

技术支持组　组长：

消防保卫组　组长：

抢险抢修组　组长：

医疗救护组　组长：

后勤保障组　组长：

（2）应急组织的分工职责

1）组长职责

①决定是否存在或可能存在重大紧急事故，要求应急服务机构提供帮助并实施厂外应急计划，在不受事故影响的地方进行直接操作控制。

②复查和评估事故（事件）可能发展的方向，确定其可能的发展过程。

③指导设施的部分停工，并与领导小组成员的关键人员配合指挥现场人员撤离，并确保任何伤害者都能得到足够的重视。

④与场外应急机构取得联系。

⑤在场（设施）内实行交通管制，协助场外应急机构开展服务工作。

⑥在紧急状态结束后，控制受影响地点的恢复，并组织人员参加事故的分析和处理。

2）副组长（即现场管理者）职责

①评估事故的规模和发展态势，建立应急步骤，确保员工的安

全和减少设施和财产损失。

②如有必要，在救援服务机构来之前直接参与救护活动。

③安排寻找受伤者及安排重要人员撤离到集中地带。

④设立与应急中心的通信联络，为应急服务机构提供建议和信息。

3）通信联络组职责

①确保与最高管理者和外部联系畅通、内外信息反馈迅速。

②保持通信设施和设备处于良好状态。

③负责应急过程的记录与整理及对外联络。

4）技术支持组职责

①提出抢险抢修及避免事故扩大的临时应急方案和措施。

②指导抢险抢修组实施应急方案和措施。

③修补实施中的应急方案和措施存在的缺陷。

④绘制事故现场平面图，标明重点部位，向外部救援机构提供准确的抢险救援信息资料。

5）消防保卫组职责

①事故引发火灾，执行防火方案中应急预案程序。

②设置事故现场警戒线、岗，维持工地内抢险救护的正常运作。

③保持抢险救援通道的通畅，引导抢险救援人员及车辆的进入。

④保护受害人财产。

⑤抢险救援结束后，封闭事故现场直到收到明确解除指令。

6）抢险抢修组职责

①实施抢险抢修的应急方案和措施，并不断加以改进。

②寻找受害者并转移至安全地带。

③在事故有可能扩大进行抢险抢修或救援时，高度注意避免意外伤害。

④抢险抢修或救援结束后，直接报告最高管理者并对结果进行复查和评估。

7）医疗救护组职责

①在外部救援机构未到达前，对受害者进行必要的抢救（如人工呼吸、包扎止血、防止受伤部位受污染等）。

②使重度受害者优先得到外部救援机构的救护。

③协助外部救援机构转送受害者至医疗机构，并指定人员护理受害者。

8）后勤保障组职责

①保障系统内各组人员必需的防护、救护用品及生活物资的供给。

②提供合格的抢险抢修或救援的物资及设备。

6. 应急预案的技术措施

（1）基本装备

1）特种防护品：绝缘鞋、绝缘手套等。

2）一般防护救护品：安全带、安全帽、安全网、防护网；救护担架 1 副、医药箱 1 个及临时救护担架及常用的救护药品等。

3）专用饮水源、盥洗间和冲洗设备。

（2）专用装备

1）消防栓及消防水带、灭火器等。

2）自备小车 1 辆。

3）无线电对讲机。

7. 应急预案措施的演练

（1）由系统内的最高管理者或其代表适时组织实施。

（2）演练应有记录。

三、水管爆裂应急救援预案

1. 组织机构

（1）指挥长：负责水管爆裂事故发生时抢险指挥工作，负责调集人员、物资立即抢险，把损失控制在最小限度，并立即报告项目经理，调查事故原因制定整改措施。

（2）抢险组：负责事故发生后立即找到水管阀门把水关掉，通知抢修组马上进行抢修，组织人员清理漏水，让水有组织排放、处理。

（3）物资组：施工库房要及时备好抢险物资，在事故发生时要立即给抢修组提供抢险物资。

2. 应急准备

（1）建立相应的领导班子与职能班组，并进行培训。

（2）准备充足的抢险物资。

（3）每半年进行一次演练。

3. 应急响应

（1）水管爆裂事故发生后，现场人员要立即关掉阀门，减少水资源浪费。

（2）抢险组首先要找到阀门并关掉阀门。

（3）抢修组立即拿工具和材料赶到现场进行修理。

（4）物资组要把所需要的材料送至事故现场。

（5）所泄漏的水要有组织清理和排放，减少环境污染。

（6）在市区地下工程开工前，除了广泛调查管网走向和在施工中小心施工外，还应进行预演检查应急的组织、人员、设施、工具和材料是否能满足抢修的要求。如有不符抢险要求的环节和措施应予以纠正。

四、油料、化学品大面积泄漏应急救援预案

1. 组织机构

（1）指挥长：主要负责事故发生后现场指挥工作，负责调集人员、物资等，把损失控制在最小限度，并立即报告项目部经理，调查事故原因，制定整改措施。

（2）抢险组：负责事故发生后立即开展处理工作，找到泄漏根

源阻止继续泄漏并对已泄漏的油料、化学品进行围挡与覆盖。

（3）人员疏散组：主要负责事故发生后疏散与抢险、抢救无关人员，指引人员到安全地带，避免扩大伤害。

（4）消防组：负责事故发生后现场火灾预防工作，杜绝现场一切明火，防止火灾和爆炸，并向抢险组人员提供必要的防护用品。

（5）车辆引导员：负责引导场内车辆为抢险腾出有效空间，同时引导运输抢险物资的车辆有序卸料，进行抢险。

（6）保卫组：负责维护现场秩序，禁止与抢险无关人员进入现场，限制人员流动，为抢险救灾提供有序的环境。

（7）物资组：负责及时给抢险组提供抢险所用物资。

2. 应急准备

（1）建立相应的领导班子及职能班组。

（2）准备充足的防污染物资。

（3）每半年进行一次演练。

3. 应急和响应措施

（1）当油料、化学品等大面积泄漏时，发现人员立即向领导报告，及时采取必要的防渗透措施。

（2）抢险组在事故发生后立即找到并阻止油料、化学品的继续泄漏，然后立即处理已泄漏、扩散的油料、化学品。对泄漏品同时进行用土覆盖和围挡，并对已处理的泄漏品及时清运防止渗透。

（3）人员疏散组立即在组长指挥下奔赴事故现场，指挥人员有序行动，让无关人员远离泄漏区域，防止挥发化学品中毒。

（4）消防组得到事故信息立即组织人员携带干粉灭火器赶赴现场，防止泄漏油料、化学品燃烧。检查并杜绝事故现场一切明火和高温物体，向抢险组人员分发口罩等防护用品。

（5）车辆引导员要时刻注意场内抢险部署，及时引导对抢险和人员撤离有影响的车辆转移到妥善地点，需要车辆、大型机械辅助抢险时及时联系相关人员。

（6）保安组自始至终要维持好现场秩序，禁止无关人员靠近事故现场及消防场地，保护消防设施，制止一切对抢险活动起消极作用的行为。

（7）物资组及时准备出抢险物资向抢险组持续供给。

（8）每个抢险小组成员都要明确自己在事故发生时的职责，还应进行预演来检查应急的组织、人员、设施、工具是否能满足抢险的要求。如有不符合抢险要求的环节和措施应予以纠正。

五、突然停电应急救援预案

1. 组织机构

（1）指挥组：负责指挥协调。

（2）联络组：负责对内、对外联络。

（3）救援组：负责人员救援。

（4）现场电工：负责切电和接送自备电。

（5）监护组：负责监护用电作业。

2. 应急准备

（1）项目部根据实际情况配备足够的救援设备。

（2）项目部建立相应的突然停电领导班子和职能班组，并进行相应的培训。

（3）项目部每半年检查一次，确保救援设备的有效性，并进行合适的补充。

（4）项目部每半年举行一次突然停电的救援演练，通过演练检验并改进突然停电的预案。

3. 应急响应

（1）突然停电发生时，应立即报告突然停电救援领导小组。突然停电救援领导小组启动突然停电预案。

（2）配制应急照明工具，如蓄电池灯、手电筒等。

（3）现场值班电工和机管员对所有电箱、设备进行断电检查，使送电无障碍。

(4) 所有电箱、设备必须有停电标识。

(5) 停电时与其他有关部门保持联系，做好来电准备。

(6) 人员的急救可采用《意外伤害应急救援训练预案》执行。

(7) 领导小组要负责现场的总指挥工作。

六、高层施工塔吊倾翻应急预案

1. 应急预案的方针与原则

更好地适应法律和经济活动的要求；给企业员工的工作和施工场区周围居民提供更好更安全的环境；保证各种应急资源处于良好的备战状态；指导应急行动按计划有序地进行；防止因应急行动组织不力或现场救援工作的无序和混乱而延误事故的应急救援；有效地避免或降低人员伤亡和财产损失；帮助实现应急行动的快速、有序、高效；充分体现应急救援的"应急精神"。坚持"安全第一，预防为主""保护人员安全优先，保护环境优先"的方针，贯彻"常备不懈、统一指挥、高效协调、持续改进"的原则。

2. 应急策划

(1) 工程概况（略）

(2) 应急预案工作流程图

根据本工程的特点及施工工艺的实际情况，认真地组织对危险源和环境因素的识别和评价，特制定本项目发生紧急情况或事故的应急措施，开展应急知识教育和应急演练，提高现场操作人员应急能力，减少突发事件造成的损害和不良环境影响。

(3) 重大事故（危险）发展过程及分析

1) 塔吊作业中突然安全限位装置失控，发生撞击护栏及相邻塔吊或坠物，或违反安全规程操作，造成重大事故（如倾倒、断臂）。

2) 基坑边坡在外力荷载作用下滑坡倒塌。

3) 液压升降式脚手架发生部分或整体倒塌及搭拆作业发生人员

伤亡事故。

4）施工电梯操作失误或失灵。

5）自然灾害（如雷电、沙尘暴、地震、强风、强降雨、暴风雪等）对设施的严重损坏。

6）塔吊、施工电梯安装和拆除过程中发生的人员伤亡事故。

7）运行中的电气设备故障或线路发生严重漏电。

8）其他作业可能发生的重大事故（高处坠落、物体打击、起重伤害、触电等）造成的人员伤亡、财产损失、环境破坏。

（4）突发事件风险分析和预防

为确保正常施工，预防突发事件以及某些预想不到的、不可抗拒的事件发生，事前有充足的技术措施准备、抢险物资的储备，最大限度地减少人员伤亡、国家财产和经济损失，必须进行风险分析和采取有效的预防措施。

1）突发事件、紧急情况及风险分析。根据本工程特点，在辨识、分析评价施工中危险因素和风险的基础上，确定本工程重大危险因素是塔吊倾覆、物体打击、高处坠落、触电、火灾等。在工地已采取机电管理、安全管理各种防范措施的基础上，还需要制定塔吊倾覆的应急方案，具体如下：假设塔吊基础坍塌时可能倾翻；假设塔吊的力矩限位失灵，塔吊司机违章作业严重超载吊装，可能造成塔吊倾翻。

2）突发事件及风险预防措施。从以上风险情况的分析看，如果不采取相应有效的预防措施，不仅给工程施工造成很大影响，而且对施工人员的安全造成威胁。

塔式起重机安装、拆除及运行的安全技术要求：

①塔式起重机的基础，必须严格按照图纸和说明书进行。塔式起重机安装前，应对基础进行检验，符合要求后，方可进行塔式起重机的安装。

②安装及拆卸作业前，必须认真研究作业方案，严格按照架设

程序分工负责，统一指挥。

③安装塔式起重机必须保证安装过程中各种状态下的稳定性，必须使用专用螺栓，不得随意代用。

④塔式起重机附墙杆件的布置和间隔，应符合说明书的规定。当塔身与建筑物水平距离大于说明书规定时，应验算附着杆的稳定性，或重新设计、制作，并经技术部门确认，主管部门验收。在塔式起重机未拆卸至允许悬臂高度前，严禁拆卸附墙杆件。

⑤塔式起重机必须按照现行国家标准《塔式起重机安全规程》及说明书规定，安装起重力矩限制器、起重量限制器、幅度限制器、起升高度限制器、回转限制器等安全装置。

⑥塔式起重机操作使用应符合下列规定：

a. 塔式起重机作业前，应检查金属结构、连接螺栓及钢丝绳磨损情况；送电前，各控制器手柄应在零位空载运转，试验各机构及安全装置并确认正常。

b. 塔式起重机作业时严禁超载、斜拉和起吊埋在地下等不明重量的物件。

c. 吊运散装物件时，应制作专用吊笼或容器，并应保障在吊运过程中物料不会脱落。吊笼或容器在使用前应按允许承载能力的两倍荷载进行试验，使用中应定期进行检查。

d. 吊运多根钢管、钢筋等细长材料时，必须确认吊索绑扎牢靠，防止吊运中吊索滑移物料散落。

e. 两台及两台以上塔式起重机之间的任何部位（包括吊物）的距离不应小于 2 m。当不能满足要求时，应采取调整相临塔式起重机的工作高度、加设行程限位、回转限位装置等措施，并制定交叉作业的操作规程。

f. 沿塔身垂直悬挂的电缆，应使用不被电缆自重拉伤和磨损的可靠装置悬挂。

g. 作业完毕，起重臂应转到顺风方向，并应松开回转制动器，起重小车及平衡重应置于非工作状态。

⑦为防止事故发生，塔吊必须由具备资质的专业队伍安装和拆除，塔吊司机必须持证上岗，安装完毕后经技术监督局特种设备安全检测中心或建管局安监站验收合格后方可投入使用。

⑧塔吊司机操作时，必须严格按操作规程操作，不准违章作业，严格执行"十不吊"，操作前必须有安全技术交底记录，并履行签字手续。

⑨塔吊安装、顶升、拆除必须先编制施工方案，经项目总工审批后遵照执行。

⑩所有架子工必须持证上岗，工作时佩戴好个人防护用品，严格按方案施工，做好塔吊拉接点拉牢工作，防止架体倒塌。

⑪塔吊安装完成后，必须经技术监督局特种设备安全检测中心或建管局塔机检测中心验收合格后，方可投入使用。

（5）法律法规要求

《建筑塔吊安全操作技术规程》《关于特大安全事故行政责任追究的规定》第七条、第三十一条，《安全生产法》第三十条、第六十八条，《建筑工程安全管理条例》《安全许可证条例》《商务广场塔机交叉作业管理细则》。

3. 应急准备

（1）机构与职责

一旦发生塔吊倾翻安全事故，公司领导及有关部门负责人必须立即赶赴现场，组织指挥应急处理，成立现场应急领导小组。

公司应急领导小组的组成。

组长：

副组长：

成员：

职责：研究、审批抢险方案；组织、协调各方抢险救援的人员、物资、交通工具等；保持与上级领导机关的通信联系，及时发布现场信息。

项目部应急领导小组及其人员组成。

组　长：

副组长：

通信联络组　组长：

技术支持组　组长：

抢险抢修组　组长：

医疗救护组　组长：

后勤保障组　组长：

应急组织的职责及分工。

组长职责：

1）决定是否存在或可能存在重大紧急事故，要求应急服务机构提供帮助并实施场外应急计划，在不受事故影响的地方进行直接控制。

2）复查和评估事故（事件）可能发展的方向，确定其可能的发展过程。

3）指导设施的部分停工，并与领导小组成员的关键人员配合指挥现场人员撤离，并确保任何伤害者都能得到足够的重视。

4）与场外应急机构取得联系及对紧急情况的处理做出安排。

5）在场（设施）内实行交通管制，协助场外应急机构开展服务工作。

6）在紧急状态结束后，控制受影响地点的恢复，并组织人员参加事故的分析和处理。

副组长（即现场管理者）职责：

1）评估事故的规模和发展态势，建立应急步骤，确保员工的安全和减少设施和财产损失。

2）如有必要，在救援服务机构来之前直接参与救护活动。

3）安排寻找受伤者及安排重要人员撤离到集中地带。

4）设立与应急中心的通信联络，为应急服务机构提供建议和信息。

通信联络组职责：

1）确保与最高管理者和外部联系畅通、内外信息反馈迅速。

2）保持通信设施和设备处于良好状态。

3）负责应急过程的记录与整理及对外联络。

技术支持组职责：

1）提出抢险抢修及避免事故扩大的临时应急方案和措施。

2）指导抢险抢修组实施应急方案和措施。

3）修补实施中的应急方案和措施存在的缺陷。

4）绘制事故现场平面图，标明重点部位，向外部救援机构提供准确的抢险救援信息资料。

保卫组职责：

1）保护受害人财产。

2）设置事故现场警戒线、岗，维持工地内抢险救护的正常运作。

3）保持抢险救援通道的通畅，引导抢险救援人员及车辆的进入。

4）抢险救援结束后，封闭事故现场直到收到明确解除指令。

抢险抢修组职责：

1）实施抢险抢修的应急方案和措施，并不断加以改进。

2）寻找受害者并转移至安全地带。

3）在事故有可能扩大进行抢险抢修或救援时，高度注意避免意外伤害。

4）抢险抢修或救援结束后，直接报告最高管理者并对结果进行复查和评估。

医疗救护组：

1）在外部救援机构未到达前，对受害者进行必要的抢救（如人工呼吸、包扎止血、防止受伤部位受污染等）。

2）使重度受害者优先得到外部救援机构的救护。

3）协助外部救援机构转送受害者至医疗机构，并指定人员护理受害者。

后勤保障组职责：

1）保障系统内各组人员必需的防护、救护用品及生活物资的供给。

2）提供合格的抢险抢修或救援的物资及设备。

（2）应急资源

应急资源的准备是应急救援工作的重要保障，项目部应根据潜在事故的性质和后果分析，配备应急救援中所需的消防手段、救援机械和设备、交通工具、医疗设备和药品、生活保障物资。

应急物资主要有：

1）氧气瓶、乙炔瓶、气割设备一套。

2）急救药箱 1 个。

3）手电 3 个（塔吊、电工、经理各 1 个）。

4）对讲机 6 部。

（3）教育、训练

为全面提高应急能力，项目部应对抢险人员进行必要的抢险知识教育，制定出相应的规定，包括应急内容、计划、组织与准备、效果评估等。

（4）互相协议

项目部应事先与地方医院、宾馆建立正式的互相协议，以便在事故发生后及时得到外部救援力量和资源的援助。

4. 应急响应

施工过程中施工现场或驻地发生无法预料的需要紧急抢救处理的危险时，应迅速逐级上报，次序为现场、办公室、抢险领导小组、上级主管部门。由项目部安质部收集、记录、整理紧急情况信息并向小组及时传递，由小组组长或副组长主持紧急情况处理会议，协调、派遣和统一指挥所有车辆、设备、人员、物资等实施紧急抢救和向上级汇报。事故处理根据事故大小情况来确定，如果事故特别小，根据上级指示可由施工单位自行直接进行处理。如果事故较大或施工单位处理不了则由施工单位向建设单位主管部门进行请示，请求启动建设单位的救援预案，建设单位的救援预案仍不能进行处理，则由建设单位的安全管理部门向建管局安监站或政府部门请示启动上一级救援预案。

（1）值班电话。项目部实行昼夜值班制度，项目部值班时间如下：

7：30～20：30；20：30～7：30（次日）

（2）紧急情况发生后，现场要做好警戒和疏散工作，保护现场，及时抢救伤员和财产，并由在现场的项目部最高级别负责人指挥，在3分钟内电话通报到值班人员，主要说明紧急情况性质、地点、发生时间、有无伤亡，是否需要派救护车、消防车或警力支援到现场实施抢救，如需可直接拨打120、110等求救电话。

（3）值班人员在接到紧急情况报告后必须在2分钟内将情况报告给紧急情况领导小组组长和副组长。小组组长组织讨论后在最短的时间内发出如何进行现场处置的指令。分派人员、车辆等到现场进行抢救、警戒、疏散和保护现场等。由项目部安质部在30分钟内以小组名义打电话向上一级有关部门报告。

（4）遇到紧急情况，全体职工应特事特办、急事急办，主动积极地投身到紧急情况的处理中去。各种设备、车辆、器材、物资等应统一调遣，各类人员必须坚决无条件服从组长或副组长的命令和安排，不得拖延、推诿、阻碍紧急情况的处理。

5. 塔吊倾翻突发事件应急预案

（1）接警与通知。如遇意外塔吊发生倾翻时，在现场的项目管理人员要立即用对讲机向项目（代）经理汇报险情。（代）经理立即召集施工队长、劳务队长、抢救指挥组其他成员，抢救、救护、防护组成员携带着各自的抢险工具，赶赴出事现场。

（2）指挥与控制。

（3）抢救组到达出事地点，在施工队长指挥下分头进行工作。

1）首先抢救组和经理一起查明险情，确定是否还有危险源。如碰断的高、低压电线是否带电；塔吊构件、其他构件是否有继续倒塌的危险；人员伤亡情况；商定抢救方案后，项目经理向公司总工请示汇报批准，然后组织实施。

2）防护组负责把出事地点附近的作业人员疏散到安全地带，并进行警戒，不准闲人靠近，对外注意礼貌用语。

3）工地值班电工负责切断有危险的低压电气线路的电源。如果在夜间，接通需要的照明灯光；抢险组在排除继续倒塌或触电危险的情况下，立即救护伤员，边联系救护车，边及时进行止血包扎，用担架将伤员抬到车上送往医院。

4）对倾翻变形塔吊的拆卸、修复工作应请塔吊厂家来人指导进行。

5）塔吊事故应急抢险完毕后，项目经理立即召集施工队长、劳务队长和塔吊司机组的全体同志进行事故调查，找出事故原因、责任人以及制定防止再次发生类似的整改措施。

6）对应急预案的有效性进行评审、修订。

（4）通信

项目部必须将110、120、项目部应急领导小组成员的手机号码、企业应急领导组织成员手机号码、当地安全监督部门电话号码，明示于工地显要位置。工地抢险指挥及安全员应熟知这些号码。

（5）警戒与治安

安全保卫小组在事故现场周围建立警戒区域实施交通管制，维护现场治安秩序。

（6）人群疏散与安置

疏散人员工作要有秩序地服从指挥人员的疏导要求进行疏散，做到不惊慌失措，勿混乱、拥挤，减少人员伤亡。

（7）公共关系

项目部安质部为事故信息收集和发布的组织机构，安质部届时将起到项目部的媒体的作用，对事故的处理、控制、进展、升级等情况进行信息收集，并对事故轻重情况进行删减，有针对性定期和不定期地向外界和内部如实地报道，向内部报道主要是向项目部内部各工区、集团公司的报道等，向外部报道主要是向业主、监理、设计等单位的报道。

6. 现场恢复

充分辨识恢复过程中存在的危险，当安全隐患彻底清除，方可恢复正常工作状态。

7. 预案管理与评审改进

公司和项目部对应急预案每年至少进行一次评审，针对施工的变化及预案中暴露的缺陷，不断更新完善和改进应急预案。

第二节　自然灾害应急救援预案示例

一、防台风、暴雨应急救援预案

1. 组织机构

（1）指挥组：指挥协调。

（2）联络组：负责对内、对外联络、巡逻。

（3）抢救组：负责抢救。

（4）疏散组：负责人员疏散、逃生。

（5）救护组：负责负伤人员救治和送治。

（6）环保组：负责环境污染和控制。

2. 应急准备

（1）项目部根据实际情况配备足够的防汛、消防器材，并将标明防汛、消防器材布置通道的区域平面图张贴在显眼位置。

（2）项目部建立相应的防台风、暴雨领导班子和防台风、暴雨职能班组并进行相应的培训。

（3）项目部每月检查一次，确保防汛、消防器材的完好性，并进行合理的维护保养。

（4）台风易发季节，联络组注意收听天气预报，如有台风、暴雨来临，要发布紧急通知，六级以上台风要停止施工，八级以上进入紧急防台风、暴雨准备。

（5）台风、暴雨来临之前，防台风、暴雨领导班子和防台风、暴雨职能班组要做好防台风、暴雨准备。现场容易扬尘的物质要遮盖，易被风吹走的物质要收拢固定；脚手架要加固，脚手架上不能放物件；检查水体排放管道的畅通，清除易堵塞物；周边环境杂物要清除；活动房、机械设备防护栅、塔吊井架要加固，塔吊头部要放下，不能放下的头部要顺风放置，旋转方向刹车要放开；施工现场电源要切断，备用照明设备要准备好。

（6）项目部所在区域要保持防火通道、安全通道的畅通。办公室门窗要关闭好。各级防台风、暴雨领导班子和防台风、暴雨职能班组通信要畅通。

（7）项目部每年举行一次防台风、暴雨演习，通过演习检验并改进防台风、暴雨预案。

3. 应急响应

（1）台风、暴雨发生后，防台风、暴雨领导小组启动防台风、暴雨紧急预案。

（2）值班人员要进入紧急状态，要巡视现场周边情况，发现异常要及时向领导小组报告。

（3）因台风引发火灾，防台风、暴雨抢救组立即组织扑救并报告领导小组启动防火紧急预案。

（4）因台风引发倒塌事故，如有人员被困，疏散组根据现场情况确定疏散、逃生通道，组织逃生、疏散，并负责维持秩序和清点人数。如有人员伤害，救护小组应立即组织抢救，并报告领导小组后启动意外伤害急救预案。如果暴雨造成水体排放管道的堵塞或环境污染，环保组应立即组织疏通和控制。如有物资需抢救，应立即组织物资抢救，控制损失。

（5）环保组负责采取措施控制环境污染。

（6）防台风、暴雨领导小组要负责现场的指挥、救护、通信、车辆的使用调度工作。

（7）台风、暴雨发生所引起的事故应立即向上级部门值班人报告。

对外联络电话：火警 119、急救 120、天气 121、公安 110。

二、破坏性地震应急

1. 我国地震活动分布的特点

我国处在世界两大地震带的中间，是一个多地震的国家。我国的地震活动主要分布在五个地区：

（1）台湾地区及其附近海域。

（2）西南地区：主要为西藏、四川西部和云南中、西部。

（3）西北地区：主要在甘肃河西走廊、宁夏、天山南北麓。

（4）华北地区：太行山两侧、汾渭河谷、京津地区、山东中部和渤海湾。

（5）东南沿海：广东、福建等地。

上述五个地震区中，以台湾地区和西南地区的地震活动最为强烈。例如，20 世纪我国发生 6 级以上的地震共 500 多次，其中绝大部分都在这些地区内。

破坏性地震发生后，很可能造成建筑物、构筑物倒塌，人员伤亡、设备损坏；很可能发生火灾、爆炸、化学危险物品大量外泄等次生灾害。《破坏性地震应急条例》规定，化工单位和危险品生产、储运等单位，应当按照各自的职责，对可能发生或者已经发生次生灾害的地点和设施采取紧急处置措施，并加强监视、控制，防止灾害扩展。

2. 临震应急措施

（1）省、市人民政府或地震预报部门发布破坏性地震临震预报后，指挥部即可宣布进入临震应急期。

（2）根据省、市人民政府或地震预报部门的震情预报，各单位随时向指挥部报告震情变化。

（3）各单位根据震情发展和建筑物抗灾能力以及周围工程设施情况，发布避灾通知，必要时组织人员撤离和避震疏散。

（4）对职工生活设施、要害部门（部位）、重要工程采取紧急防护措施。

（5）督促检查抢险救灾的准备工作。

（6）平息地震误传或谣传，保持公司稳定。

3. 破坏性地震应急程序

（1）接警

1）企业抗震救灾指挥部接到省级、市级人民政府进入临震状态指示后，立即启用电话、电视、广播等传媒手段发布避灾通知。

2）各单位接到通知后，要组织井上、井下人员撤离和避震疏散，并对重点目标和重要设施加强保护。

3）破坏性地震发生后，各单位抗震救灾指挥部必须向公司抗震救灾指挥部汇报，汇报内容包括地震灾害的人员、范围、程度等。

4）破坏性地震汇报方式：电话汇报或传真汇报，或其他方式。

（2）应急启动

1）破坏性地震发生后，企业抗震救灾指挥部成员立即到达指挥部（如指挥部遭受破坏应在指定地点集合）。

2）破坏性地震发生后，各单位抗震救灾指挥部必须立即启动本单位的应急预案，组织辖区内的人员撤离和受伤人员的自救。

3）各单位抗震救灾指挥部根据抢险救灾进展情况及时向公司抗震救灾指挥部汇报。

（3）救援行动

1）抗震救灾指挥部根据各单位汇报的人员伤亡情况和建筑物破坏程度成立现场抢险组，奔赴各受灾现场组织抢救。

2）抢险组由应急分队、义务小分队等人员组成，利用可利用的一切机械设备对埋藏人员进行抢救和搜寻。

3）医疗救护组要组织医护人员迅速赶到现场对受伤人员进行紧急救治，最大限度地减少伤亡。

4）通信公司要在通信设施、设备遭到破坏时立即启用备用电源、设备等，保证抢险救灾通信联络畅通。

5）抢险救灾人员在抢险过程中要保护好自身安全，避免应急人员出现不必要的伤亡。

6）公司各单位对本单位的易于发生次生灾害的地点和设施要采取紧急处置措施，并加强监视、控制，防止灾害扩大。

（4）应急扩大

如局势不能控制或有强余震发生灾情扩大时，指挥部应立即向省、市人民政府请求增援。

（5）应急恢复

1）各单位在抢险救灾过程中，要组织人员对人数进行清点，确信所有人员全部救出。

2）受灾人员抢救结束后，指挥部宣布救援行动阶段结束，进入恢复重建阶段。

3）指挥部、宣传部门要及时发布信息，正确引导公众舆论，消除灾害带来的恐慌。

（6）应急结束

1）由受灾单位、计划处、财务处等有关单位和部门，对灾害损失做出评估。

2）抗震救灾指挥部负责对地震灾害损失情况进行上报。

第三节　人身伤害应急救援预案示例

一、意外伤害应急救援预案

1. 组织机构

（1）指挥组：负责指挥协调。

（2）联络组：负责对内、对外联络。

（3）抢救组：负责抢救。

（4）救护组：负责负伤人员救治和送治。

2. 应急准备

（1）项目部根据实际情况配备足够的救援设备。

（2）项目部建立相应的意外伤害领导班子和职能班组，并进行相应的培训。

（3）项目部每半年检查一次，确保救援设备的有效性，并进行合适的补充。

（4）项目部每年举行一次意外伤害的救护演练，通过演练检验并改进意外伤害的急救预案。

3. 应急响应

（1）意外伤害发生时，应确定意外伤害的类型，并立即报告意外伤害救护领导小组。意外伤害救护领导小组启动意外伤害急救预案。

（2）救护组负责负伤人员处置，根据伤情的严重程度确定是现场施救还是送医院救治或是请医护人员现场组织施救。

（3）如需送医院救治（急救电话120）或是请医护人员现场组织施救，对外联络组负责拨打急救电话120通知附近医院，报120要讲明地点、伤情严重程度、伤害的类型并派人到路口接车指示通道。

（4）领导小组要负责现场的指挥、救护、通信、车辆的使用调度工作。

4. 紧急救护措施

（1）应常备的急救物品

1）外伤救护所需物品

纱布、胶布、外用绷带（弹性绷带）、消毒棉球或棉棒、三角巾、创可贴。另可备云南白药、好得快、红花油、烫伤膏。

2）救护常用物品

剪子、镊子、手电筒、热水袋（可做冰袋用）、缝衣针或针灸针、火柴、一次性塑料袋。

3）消毒和保护用品

口罩、乳胶手套、一次性导气管、肥皂或洗手液、消毒纸巾、外用酒精。

（2）应了解的基本急救方法

1）常用的止血方法

①加压包扎止血。加压包扎止血是最常用的止血方法，在外伤出血时应首先采用。

适用范围：小静脉出血、毛细血管出血，动脉出血应与止血带配合使用；头部、躯体、四肢以及身体各处的伤口均可使用。

用干净、消毒的较厚的纱布，覆盖在伤口表面，如无纱布，可用干净毛巾、手帕等替代。在纱布上方用绷带、三角巾紧紧缠绕住，加压包扎，即可达止血目的。尽量初步地清洁伤口，选用干净的替代品，减少伤口感染的机会。

②止血带止血法。用加压包扎止血法不能奏效的四肢大血管出血，应及时采用止血带止血。

适用范围：受伤肢体有大而深的伤口，血流速度快；多处受伤，出血量大；受伤同时伴有开放性骨折；肢体已完全离断或部分离断；受伤部位可见到喷泉样出血；不能用于头部和躯干部出血的止血。

止血用品：最合适的止血带是有弹性的空心皮管或橡皮条。紧急情况下，可就地取材用宽布条、三角巾、毛巾、衣襟、领带、腰带等用作止血带的替代品。

不合适的替代品：电线、铁丝、绳索。

上止血带的位置：扎止血带的位置应在伤口的上方，医学上叫作"近心端"，应距离伤口越近越好，以减少缺血的区域。

上肢出血：上臂的上部和下部。

下肢出血：大腿的上部。

在准备用止血带的位置垫一层毛巾和几层纱布或直接扎在衣物上，避免皮肤被止血带勒压而坏死。将有弹性的止血带缠绕肢体2周，然后在外侧打结（注意：别在伤口上打结）。

2）人工呼吸

人工呼吸就是用人工的方法帮助病人呼吸。一旦确定病人呼吸停止，应立即进行人工呼吸，最常见、最方便的人工呼吸方法是口对口人工呼吸。

口对口人工呼吸是由抢救者深吸一口气，然后吹入病人的口腔，经由呼吸道到肺部，这时吹入病人口腔的气体，含氧气为18%，这种氧气浓度可以维持病人最低限度的需氧量。

吹气后，口唇离开，并松开捏鼻的手指，使气体呼出。

观察病人的胸部有无起伏，如果吹气时胸部抬起，说明气道畅通，口对口吹气的操作是正确的。

每次吹气量平均900 mL，吹气的频率为每分钟12～16次。

口腔严重外伤、牙关紧闭时不宜做口对口人工呼吸，可采用口对鼻人工呼吸。

（3）急救车的使用

遇有紧急情况，必须及时拨打 120 急救电话，并简要地说明待救人的基本症状，以及报救点的准确方位。

1）必须使用急救车的几种情况

①受严重撞击、高处坠落、重物挤压等各种意外情况造成的严重损伤和大出血。

②各种原因引起的呕血、咳血、便血等大出血。

③意外灾害事故造成人员发病、伤亡的现场，尤其是成批伤员和群体伤害。

2）救护车到达前的急救常规

①必须保持病人的正确体位，切勿随便推动或搬运病人，以免病情加重。

②昏迷、呕吐病人头侧向一边。

③脑外伤、昏迷病人不要抱着头乱晃。

④高空坠落伤者，不要随便搬头抱脚移动。

⑤将病人移到安全、易于救护的地方。如煤气中毒病人移到通风处。

⑥选择病人适宜的体位，安静卧床休息。

⑦保持呼吸道通畅，已昏迷的病人，应将呕吐物、分泌物掏取出来或头侧向一边顺位引流出来。

⑧外伤病人给予初步止血、包扎、固定。

⑨待救护车到达后，应向急救人员详细地讲述病人的病情、伤情以及发展过程、采取的初步急救措施。

（4）现场应急措施

1）塌方伤害事故

塌方伤害是由塌方、垮塌而造成的病人被土石方、瓦砾等压埋，发生掩埋窒息，土方石块埋压肢体或身体导致的人体损伤。

急救要点：

①迅速挖掘，争分夺秒救出压埋者。尽早将伤员的头部露出来，即刻清除其口腔、鼻腔内的泥土、砂石，保持呼吸道的通畅。

②救出伤员后，先迅速检查心跳和呼吸，如果呼吸心跳已停止，立即先连续进行 2 次人工呼吸。

③在搬运伤员中，防止肢体活动，不论有无骨折，都要用夹板固定，并将肢体暴露在凉爽的空气中。

④发生塌方意外事故后，必须打 120 急救电话报警。

⑤切忌对压埋伤员进行热敷或按摩。

⑥必须注意以下事项：

a. 肢体出血禁止使用止血带止血，因为可加重挤压综合征。

b. 脊椎骨折或损伤固定和搬运原则，应使脊椎保持平行，不要弯曲扭动，以防止损伤脊髓神经。

2）挤压伤害事故

挤压伤害是指因暴力、重力的挤压或土块、石头等的压埋，引起的身体伤害可造成肾脏功能衰竭的严重情况。

急救要点：

①尽快解除挤压的因素，如被压埋，应先从废墟下扒救出来。

②手和足趾的挤压伤。指（趾）甲下血肿呈黑紫色，可立即用冷水冷敷，减少出血和减轻疼痛。

③怀疑已有内脏损伤，应密切观察有无休克先兆。

④严重的挤压伤，应呼叫 120 急救医生前来处理，并护送到医院进行外科手术治疗。

⑤千万不要因为受伤者当时无伤口，而忽视治疗。

⑥在转运中，应减少肢体活动，不管有无骨折都要用夹板固定，并让肢体暴露在凉爽的空气中，切忌按摩和热敷，以免加重病情。

3）硬器刺伤伤害事故

硬器刺伤是指刀具、碎玻璃、铁丝、铁钉、铁棍、钢筋、木刺造成的刺伤。

急救要点：

①较轻的、浅的刺伤，只需消毒清洗后，用干净的纱布等包扎止血，或就地取材使用替代品初步包扎后，到医院去进一步治疗。

②刺伤的硬器如钢筋等仍插在胸背部、腹部、头部时，切不可立即拔出来，以免造成大出血而无法止血。应将刃器固定好，一并将病人尽快送到医院，在手术准备后，妥当地取出来。

③刃器固定方法：刃器四周用衣物或其他物品围好，再用绷带等固定住。路途中注意保护，使其不得脱出。

④刃器已被拔出，胸背部有刺伤伤口，伤员出现呼吸困难、气急、口唇紫黑，这时伤口与胸腔相通，空气直接进出，称为开放性气胸，非常紧急，处理不当，呼吸很快停止。

⑤迅速按住伤口，可用消毒纱布或清洁毛巾覆盖伤口后送医院急救。纱布的最外层最好用不透气的塑料膜覆盖，以密闭伤口，减少漏气。

⑥刺中腹部后导致肠管等内脏脱出来，千万不要将脱出的肠管送回腹腔内，因为会使感染机会加大，可先包扎好。

包扎方法：在脱出的肠管上覆盖消毒纱布或消毒布类，再用干净的盆或碗倒扣伤口上，用绷带或布带固定，迅速送医院抢救。

⑦双腿弯曲，严禁喝水、进食。

⑧刺伤应注意预防破伤风。轻的、细小的刺伤，伤口深，尤其是铁钉、铁丝、木刺等刺伤，如不彻底清洗，容易引起破伤风。

4）高处坠落伤害事故

高处坠落伤害是指从高处坠落而导致受伤。

急救要点：

①坠落在地的伤员，应初步检查伤情，不乱搬动摇晃，应立即呼叫 120 急救医生前来救治。

②采取初步救护措施：止血、包扎、固定。

③怀疑脊柱骨折，按脊柱骨折的搬运原则，切忌一人抱胸，一人扶腿搬运；伤员上下担架应由几人分别抱住头、胸、臀、腿，保持动作一致平稳，避免脊柱弯曲扭动，加重伤情。

5）烧伤事故

急救要点：

①防止烧伤，身体已经着火可就地打滚或用厚湿的衣物覆盖以压灭火苗，或者尽快脱去燃烧衣物，如果衣物与皮肤粘连在一起，应用冷水浇湿或浸湿后，轻轻脱去或剪去。

②冷却烧伤部位，用冷水冲洗、冷敷或浸泡肢体，降低皮肤温度。

③用干净纱布或被单覆盖和包裹烧伤创面，切忌在烧伤处涂各种药水和药膏，如紫药水、红药水等，以免掩盖病情。

④为防止烧伤休克，烧伤伤员可口服自制烧伤饮料糖盐水，如在 500 mL 开水中放入白糖 50 g 左右、食盐 1.5 g 左右制成。但是，切忌给烧伤伤员喝白开水。

⑤搬运烧伤伤员，动作要轻柔、平稳，尽量不要拖拉、滚动，以免加重皮肤损伤。

6）化学烧伤事故

①强酸烧伤

急救要点：

a. 立即用大量温水或大量清水反复冲洗皮肤上的强酸，冲洗得越早越干净越彻底越好，一点儿残留也会使烧伤越来越重。

b. 切忌不经冲洗，急急忙忙地将病人送往医院。

c. 用水冲洗干净后，用清洁纱布轻轻覆盖创面，送往医院处理。

②强碱烧伤

急救要点：

a. 立即用大量清水反复冲洗，至少 20 min；碱性化学烧伤也可用食醋来清洗，以中和皮肤的碱液。

b. 用水冲洗干净后，用清洁纱布轻轻覆盖创面，送往医院处理。

③生石灰烧伤

急救要点：

a. 应先用手绢、毛巾揩净皮肤上的生石灰颗粒，再用大量清水冲洗。

b. 切忌先用水洗，因为生石灰遇水会发生化学反应，产生大量热量灼伤皮肤。

c. 冲洗彻底后快速送医院救治。

7）触电伤害事故

急救要点：

①迅速关闭开关，切断电源，使触电者尽快脱离电源。确认自己无触电危险再进行救护。

②用绝缘物品挑开或切断触电者身上的电线、灯、插座等带电物品。

绝缘物品：干燥的竹竿、木棍、扁担、擀面杖、塑料棒、带木柄的铲子、电工用绝缘钳子等。抢救者可站在绝缘物体上，如胶垫、木板；穿着绝缘的鞋如塑料鞋、胶底鞋等。

③触电者脱离电源后，立即将其抬至通风较好的地方，解开病人衣扣、裤带。轻型触电者在脱离电源后，应就地休息1~2 h再活动。

④如果呼吸、心跳停止，必须争分夺秒进行口对口人工呼吸和胸外心脏按压。触电者必须坚持长时间的人工呼吸和心脏按压。

⑤立即呼叫120，急救医生到现场救护。并在不间断抢救的情况下护送医院进一步急救。

8）煤气中毒伤害事故

急救要点：

①在有可能发生煤气中毒的环境中，感到头晕、头痛，应想到煤气中毒的可能，立即打开门窗通风，并尽快离开中毒室内。在封

闭的室内或车中有人昏倒，必须打开门窗通风，有时需砸碎门窗玻璃。

②及早向附近的人求助或打 120 电话呼救。

③神志不清的中毒病人必须尽快抬出中毒环境。平放在地上，将其头转向一侧。

④轻度中毒患者应安静休息，避免活动后加重心、肺负担及增加氧的消耗量。

⑤病情稳定后，将病人护送到医院进一步检查治疗。

9）食物中毒伤害事故

急救要点：

①立即停止食用可疑中毒食物。

②强酸、强碱物质引起的食物中毒，应先饮蛋清、牛奶、豆浆或植物油 200 毫升保护胃黏膜。

③封存可疑食物，留取呕吐物、尿液、粪便标本，以备化验。

④采取催吐的方法，尽快排出毒物。一次饮 600 毫升清水或 1：2 000 的高锰酸钾溶液，然后用筷子等物刺激咽后壁，造成呕吐的动作，将胃内食物吐出来，反复进行多次，直到吐出的为清水为止。已经发生呕吐的病人不要再催吐。

⑤将病人送医院进一步检查。

10）铁钉扎脚伤害事故

急救要点：

①将铁钉拔除后，马上用双手拇指用力挤压伤口，使伤口内的污染物随血液流出，如果当时不挤，伤口很快封上，污染物留在伤口内形成感染源。

②洗净伤脚，有条件者用酒精消毒后包扎。伤后 12 h 内到医院注射破伤风抗毒素，预防破伤风。

11）火灾现场的逃生

遇有火警发生时，应迅速准确地打"119"报警并积极参与扑救初期火灾，防止火势蔓延。当火灾难以控制时，要镇定，设法逃生。

火灾逃生要点：

①不要惊慌，要尽可能做到沉着、冷静，更不要大吵大闹，互相拥挤。

②正确判断火源、火势和蔓延方向，以便选择合适的逃生路线。

③回忆和判断安全出口的方向、位置，以便能在最短时间内找到安全出口。

④要有互助友爱的精神，听从指挥，有秩序地撤离火场。

⑤当被烟火包围时，要用湿毛巾捂住口鼻，低姿势行走或匍匐穿出现场。当逃生通道被烟火封住，可用湿棉被等披在身上弯腰冲过火场。

⑥当逃生通道被堵死时，可通过阳台排水管等处逃生，或在固定的物体上拴绳子，顺绳子逃离火场。如果上述措施不通，则应退回室内，关闭通往火区的门窗，并向门窗上浇水延缓火势蔓延，同时向窗外发出求救的信号。

⑦高层建筑着火时，应按照安全出口的指示标志，尽快地从安全通道和室外消防楼梯安全撤出，切勿盲目乱窜或奔向电梯。如果情况危急，可利用阳台之间的空隙、下水管或自救绳等滑行到没有起火的楼层或地面上，但千万不要跳楼。如果确实无力或没有条件用上述方法自救时，可紧闭房门，减少烟气、火焰的侵入，躲在窗户下或到阳台避烟，单元式高楼也可沿通至屋顶的楼梯进入楼顶，等待到达火场的消防人员解救。

二、高空坠落事故应急准备和响应预案

1. 应急准备

（1）组织机构及职责

1）项目部高处坠落事故应急准备和响应领导小组

组长：项目经理

组员：生产负责人　安全员　各专业工长　技术员　质检员
值勤人员

值班电话：××××××

2）高处坠落事故应急处置领导小组负责对项目突发高处坠落事故的应急处理。

（2）培训和演练

1）项目部安全员负责主持、组织本单位每年进行一次按高处坠落事故"应急响应"的要求进行模拟演练。各组员按其职责分工，协调配合完成演练。演练结束后由组长组织对"应急响应"的有效性进行评价，必要时对"应急响应"的要求进行调整或更新。演练、评价和更新的记录应予以保持。

2）施工管理部负责对相关人员每年进行一次培训。

（3）应急物资的准备、维护、保养

1）应急物资的准备：简易担架、跌打损伤药品、包扎纱布。

2）各种应急物资要配备齐全并加强日常管理。

（4）防坠落措施

1）脚手架材质必须符合国家标准，钢管脚手架的杆件连接必须使用合格的玛钢扣件。

2）结构脚手架立杆间距不得大于 1.5 m，大横杆间距不得大于 1.2 m，小横杆间距不得大于 1 m，脚手架必须按楼层与结构拉接牢固，拉接点垂直距离不得超过 4 m，水平距离不得超过 6 m，拉接所用的材料强度不得低于双股 8 号铝丝的强度，高大架子不得使用柔性材料拉接。在拉接点处设可靠支顶，脚手架的操作面必须铺满脚手板，离墙面不得大于 20 cm，行空隙和探头板、飞跳板、脚手板下层设水平网，操作面外侧应设两道护身栏杆和一道挡脚板或设一道护身栏杆，立挂安全网，下口封严，防护高为 1.2 m，严禁用竹笆做脚手板。

3）脚手架必须保证整体不变形，凡高度 20 m 以上的外脚手架纵向必须设置十字盖，十字盖高度不得超过 7 根立杆，与水平面夹角应为 45°～60°，高度在 20 m 以下的必须设置反斜支撑，特殊脚手架和 20 m 以上的高大脚手架必须有设计方案，有脚手架结构计算书，特殊情况必须采取有效的防护措施。

4）井字架的吊笼出入口均应有安全门、两侧必须有安全防护措施，吊笼定位托杠必须采用定型装置，吊笼运行中不得乘人。

5）1.5 m×1.5 m 的孔洞，应预埋通长钢筋网或加固定盖板。1.5 m×1.5 m 以上的孔洞四周必须设两道护身栏杆，中间支挂水平安全网。电梯井口必须设高度不低于 1.2 m 的金属防护门。电梯井内首层和首层以上每隔四层设一道水平安全网，安全网应封闭严密；楼梯踏步及休息平台处，必须设两道牢固防护栏杆或用立挂安全网防护；阳台栏杆应随层安装，不能随层安装的，必须设两道防护栏杆或立挂安全网加一道防护栏杆。

6）无外脚手架或采用单排脚手架高 4 m 以上的建筑物，首层四周必须支搭固定 3 m 宽的水平安全网（高层建筑 6 m 宽双层网），网底距下方物体不得小于 3 m（高层不得小于 5 m）；高层建筑每隔四层固定一道 6 m 宽的水平安全网，水平安全网接口处必须连接严密，与建筑物之间缝隙不大于 10 cm，并且外边沿高于内边沿，支搭水平安全网，直至没有高处作业时方可拆除。

7）临边施工区域，对人或物构成危险的地方必须支搭防护棚，确保人、物的安全。高处作业使用的铁凳、木凳间需搭设脚手板的，间距不得大于 2 m，高处作业，严禁投扔物料。

8）高空作业人员必须持证上岗，经过现场培训、交底，安装人员必须戴安全帽、系安全带并穿防滑鞋。交底时按方案要求结合施工现场作业条件和队伍情况做详细交底，并确定指挥人员，在施工时按作业环境做好防滑、防坠落事故发生。发现隐患要立即整改，要建立登记、整改检查，定人、定措施、定完成日期，在隐患没有消除前必须采取可靠的防护措施，如有危及人身安全的紧急险情，应立即停止作业。

2. 应急响应

（1）一旦发生高空坠落事故由安全员组织抢救伤员，项目经理打电话"999""120"给急救呼叫中心，由现场工长保护好现场防止事态扩大。其他义务小组人员协助安全员做好现场救护工作，水、电工长协助送伤员外部救护工作，如有轻伤或休克人员，现场安全员组织临时抢救、包扎止血、做人工呼吸或胸外心脏按压，尽最大努力抢救伤员，将伤亡事故控制到最低程度，损失降到最小。

（2）处理程序

1）查明事故原因及责任人。

2）制定有效的防范措施，防止类似事故发生。

3）对所有员工进行事故教育。

4）宣布事故处理结果。

5）以书面形式向上级报告。

三、物体打击事故应急准备与响应预案

1. 应急准备

（1）组织机构及职责

1）项目部物体打击事故应急准备和响应领导小组

组长：项目经理

组员：生产负责人　安全员　各专业工长　技术员　质检员
值勤人员

值班电话：××××××

2）物体打击事故应急处置领导小组负责对项目突发物体打击事故的应急处理。

（2）培训和演练

1）项目部安全员负责主持、组织本单位每年进行一次按物体打击事故"应急响应"的要求进行模拟演练。各组员按其职责分工，

协调配合完成演练。演练结束后由组长组织对"应急响应"的有效性进行评价,必要时对"应急响应"的要求进行调整或更新。演练、评价和更新的记录应予以保持。

2)施工管理部负责对相关人员每年进行一次培训。

(3)应急物资的准备、维护、保养

1)应急物资的准备:简易担架、跌打损伤药品、包扎纱布。

2)各种应急物资要配备齐全并加强日常管理。

2. 应急响应

(1)防物体打击事故发生,项目部成立义务小组,由项目经理担任组长,生产负责人及安全员、各专业工长为组员,主要负责紧急事故发生时有条不紊地进行抢救或处理,外包队管理人员及后勤人员,协助生产负责人做相关辅助工作。

(2)发生物体打击事故后,由项目经理负责现场总指挥,发现事故发生人员首先通知现场安全员,由安全员打事故抢救电话"120",向上级有关部门或医院打电话抢救,同时通知生产负责人组织紧急应变小组进行可行的应急抢救,如现场包扎、止血等措施。防止受伤人员流血过多造成死亡事故发生。预先成立的应急小组人员分工,各负其责,重伤人员由水、电工长协助送外抢救工作,门卫在大门口迎接来救护的车辆,有程序地处理事故、事件,最大限度地减少人员和财产损失。

(3)事故后处理工作

1)查明事故原因及责任人。

2)以书面形式向上级写出报告,包括发生事故时间,地点,受伤(死亡)人员姓名、性别、年龄、工种、伤害程度、受伤部位。

3)制定有效的预防措施,防止此类事故再次发生。

4)组织所有人员进行事故教育。

5)向所有人员宣读事故结果,及对责任人的处理意见。

四、坍塌事故应急准备与响应预案

1. 应急准备

（1）组织机构及职责

1）项目部坍塌事故应急准备和响应领导小组

组长：项目经理

组员：生产负责人　安全员　各专业工长　技术员　质检员
值勤人员

值班电话：××××××

2）坍塌事故应急处置领导小组负责对项目突发坍塌事故的应急处理。

（2）培训和演练

1）项目部安全员负责主持、组织本单位每年进行一次按坍塌事故"应急响应"的要求的模拟演练。各组员按其职责分工，协调配合完成演练。演练结束后由组长组织对"应急响应"的有效性进行评价，必要时对"应急响应"的要求进行调整或更新。演练、评价和更新的记录应予以保持。

2）施工管理部负责对相关人员每年进行一次培训。

（3）应急物资的准备、维护、保养

1）应急物资的准备：简易担架、跌打损伤药品、包扎纱布。

2）各种应急物资要配备齐全并加强日常管理。

（4）预防措施

1）深基础开挖前先采取井点降水，将水位降至开挖最深度以下，防止开挖时出水塌方。

2）材料准备：开挖前准备足够优质的木桩和脚手板、装土袋，以备护坡（打桩护坡法），为防止基础出水，准备2台抽水泵，随时应急。

3）深基础开挖，另一种措施是准备整体喷浆护坡，开挖时现场设专人负责按比例放坡，分层开挖，开挖到底后，由专业队做喷浆护坡，确保边坡整体稳固。

2. 应急响应

（1）防坍塌事故发生，项目部成立义务小组，由项目经理担任组长，生产负责人及安全员、各专业工长为组员，主要负责紧急事故发生时有条不紊地进行抢救或处理，外包队管理人员及后勤人员做相关辅助工作。

（2）发生坍塌事故后，由项目经理负责现场总指挥，发现事故发生人员首先通知现场安全员，由安全员打事故抢救电话"120"，向上级有关部门或医院打电话抢救，同时通知副项目经理组织紧急应变小组进行现场抢救。土建工长组织有关人员进行清理土方或杂物，如有人员被埋，应首先按部位进行抢救人员，其他组员采取有效措施，防止事故发展扩大，让外包队负责人随时监护边坡状况，及时清理边坡上堆放的材料，防止造成再次事故的发生。在向有关部门通知抢救电话的同时，对轻伤人员在现场采取可行的应急抢救，如现场包扎、止血等措施，防止受伤人员流血过多造成死亡事故发生。预先成立的应急小组人员分工，各负其责，重伤人员由水、电工长协助送外抢救工作，门卫在大门口迎接来救护的车辆，有程序地处理事故、事件，最大限度地减少人员和财产损失。

（3）如果发生脚手架坍塌事故，按预先分工进行抢救，架子工长组织所有架子工进行倒塌架子的拆除和拉牢工作，防止其他架子再次倒塌，现场清理由外包队管理者组织有关职工协助清理材料，如有人员被砸应首先清理被砸人员身上的材料，集中人力先抢救受伤人员，最大限度地减小事故损失。

（4）事故后处理工作

1）查明事故原因及责任人。

2）以书面形式向上级写出报告，包括发生事故时间，地点，受伤（死亡）人员姓名、性别、年龄、工种、伤害程度、受伤部位。

3）制定有效的预防措施，防止此类事故再次发生。

4）组织所有人员进行事故教育。

5）向所有人员宣读事故结果，及对责任人的处理意见。

五、机械伤害应急准备与响应预案

1. 应急准备

（1）组织机构及职责

1）项目部机械伤害事故应急准备和响应领导小组

组长：项目经理

组员：生产负责人　安全员　各专业工长　技术员　质检员
值勤人员

值班电话：×××××××

2）机械伤害事故应急处置领导小组负责对项目突发机械伤害事故的应急处理。

（2）培训和演练

1）项目部安全员负责主持、组织本单位每年进行一次按机械伤害事故"应急响应"的要求进行模拟演练。各组员按其职责分工，协调配合完成演练，演练结束后由组长组织对"应急响应"的有效性进行评价，必要时对"应急响应"的要求进行调整或更新。演练、评价和更新的记录应予以保持。

2）施工管理部负责对相关人员每年进行一次培训。

（3）应急物资的准备、维护、保养

1）应急物资的准备：简易担架、跌打损伤药品、包扎纱布。

2）各种应急物资要配备齐全并加强日常管理。

2. 应急响应

（1）防机械伤害事故发生，项目部成立义务小组，由项目经理担任组长，生产负责人及安全员、各专业工长为组员，主要负责紧急事故发生时有条不紊地进行抢救或处理，外包队管理人员及后勤人员做相关辅助工作。

（2）发生机械伤害事故后，由项目经理负责现场总指挥，发现事故发生人员首先通知现场安全员，由安全员打事故抢救电话"120"，向上级有关部门或医院打电话抢救，同时通知生产负责人组织紧急应变小组进行可行的应急抢救，如现场包扎、止血等措施，防止受伤人员流血过多造成死亡事故发生。预先成立的应急小组人员分工，各负其责，重伤人员由水、电工长协助送外抢救工作，门卫在大门口迎接来救护的车辆，有程序地处理事故，最大限度地减少人员和财产损失。

（3）事故后处理工作

1）查明事故原因及责任人。

2）以书面形式向上级写出报告，包括发生事故时间，地点，受伤（死亡）人员姓名、性别、年龄、工种、伤害程度、受伤部位。

3）制定有效的预防措施，防止此类事故再次发生。

4）组织所有人员进行事故教育。

5）向所有人员宣读事故结果，及对责任人的处理意见。

六、触电事故应急准备与响应预案

1. 应急准备

（1）组织机构及职责

1）项目部触电事故应急准备和响应领导小组

组长：项目经理

组员：生产负责人　安全员　各专业工长　技术员　质检员
值勤人员

值班电话：××××××

2）触电事故应急处置领导小组负责对项目突发触电事故的应急处理。

（2）培训和演练

1）项目部安全员负责主持、组织本单位每年进行一次按触电事故"应急响应"的要求进行模拟演练。各组员按其职责分工，协调配合完成演练。演练结束后由组长组织对"应急响应"的有效性进行评价，必要时对"应急响应"的要求进行调整或更新。演练、评价和更新的记录应予以保持。

2）施工管理部负责对相关人员每年进行一次培训。

（3）应急物资的准备、维护、保养

1）应急物资的准备：简易担架。

2）应急物资要配备齐全并加强日常管理。

2. 应急响应

（1）脱离电源对症抢救。当发生人身触电事故时，首先使触电者脱离电源。迅速急救，关键是快。

（2）对于低压触电事故，可采用下列方法使触电者脱离电源。

1）如果触电地点附近有电源开关或插销，可立即拉开电源开关或拔下电源插头，以切断电源。

2）可用有绝缘手柄的电工钳、干燥木柄的斧头、干燥木把的铁锹等切断电源线。也可采用干燥木板等绝缘物插入触电者身下，以隔离电源。

3）当电线搭在触电者身上或被压在身下时，也可用干燥的衣服、手套、绳索、木板、木棒等绝缘物为工具，拉开、提高或挑开电线，使触电者脱离电源。切不可直接去拉触电者。

（3）对于高压触电事故，可采用下列方法使触电者脱离电源。

1）立即通知有关部门停电。

2）带上绝缘手套，穿上绝缘鞋，用相应电压等级的绝缘工具按顺序拉开开关。

3）用高压绝缘杆挑开触电者身上的电线。

（4）触电者如果在高空作业时触电，断开电源时，要防止触电者摔下来造成二次伤害。

1）如果触电者伤势不重，神志清醒，但有些心慌，四肢麻木，全身无力或者触电者曾一度昏迷，但已清醒过来，应使触电者安静休息，不要走动，严密观察并送医院。

2）如果触电者伤势较重，已失去知觉，但心脏跳动和呼吸还存在，应将触电者抬至空气畅通处，解开衣服，让触电者平直仰卧，并用软衣服垫在身下，使其头部比肩稍低，以免妨碍呼吸，如天气寒冷要注意保温，并迅速送往医院。如果发现触电者呼吸困难，发生痉挛，应立即准备对心脏停止跳动或者呼吸停止后的抢救。

3）如果触电者伤势较重，呼吸停止或心脏跳动停止或二者都已停止，应立即用口对口人工呼吸法及胸外心脏按压法进行抢救，并送往医院。在送往医院的途中，不应停止抢救，许多触电者就是在送往医院途中死亡的。

4）人触电后会出现神经麻痹、呼吸中断、心脏停止跳动、呈现昏迷不醒状态，通常都是假死，万万不可当作"死人"草率从事。

5）对于触电者，特别高空坠落的触电者，要特别注意搬运问题，很多触电者，除电伤外还有摔伤，搬运不当，如折断的肋骨扎入心脏等，可造成死亡。

6）对于假死的触电者，要迅速持久地进行抢救，有不少的触电者，是经过四个小时甚至更长时间的抢救而抢救过来的。有经过六个小时的口对口人工呼吸法及胸外心脏按压法抢救而活过来的实例。只有经过医生诊断确定死亡，才能停止抢救。

（5）人工呼吸是在触电者停止呼吸后应用的急救方法。各种人工呼吸方法中以口对口呼吸法效果最好。

1）施行人工呼吸前，应迅速将触电者身上妨碍呼吸的衣领、上衣等解开，取出口腔内妨碍呼吸的食物、脱落的断齿、血块、黏液等，以免堵塞呼吸道，使触电者仰卧，并使其头部充分上仰（可用一只手托于触电者颈后），鼻孔朝上以利呼吸道畅通。

2）救护人员用手使触电者鼻孔紧闭，深吸一口气后紧贴触电者的口向内吹气，约 2 s。吹气大小，要根据不同的触电人有所区别，每次吹气要使触电者胸部微微鼓起为宜。

3）吹气后，立即离开触电者的口，并放松触电者的鼻子，使空气呼出，约 3 s。然后再重复吹气动作。吹气要均匀，每分钟吹气呼气约 12 次。触电者已开始恢复自由呼吸后，还应仔细观察呼吸是否会再度停止。如果再度停止，应再继续进行人工呼吸，这时人工呼吸要与触电者微弱的自由呼吸规律一致。

4）如无法使触电者把口张开时，可改用口对鼻人工呼吸法，即捏紧嘴巴紧贴鼻孔吹气。

（6）胸外心脏按压法是触电者心脏停止跳动后的急救方法。

1）做胸外按压时使触电者仰卧在比较坚实的地方，姿势与口对口人工呼吸法相同，救护者跪在触电者一侧或跪在腰部两侧，两手相叠，手掌根部放在心窝上方，胸骨下三分之一至二分之一处。掌根用力向下（脊背的方向）按压，压出心脏里面的血液。成人应按压 3~5 cm，以每秒钟按压一次（太快了效果不好），每分钟按压 60 次为宜。按压后掌根迅速全部放松，让触电者胸廓自动恢复，血液充满心脏。放松时掌根不必完全离开胸部。

2）应当指出，心脏跳动和呼吸是无法分开的。心脏停止跳动了，呼吸很快会停止。呼吸停止了，心脏跳动也维持不了多久。一旦呼吸和心脏跳动都停止了，应当同时进行口对口人工呼吸和胸外心脏按压。如果现场只有一人抢救，两种方法交替进行。可以按压 4 次后，吹气一次，而且吹气和按压的速度都应提高一些，以不降低抢救效果。

3）对于儿童触电者，可以用一只手按压，用力要轻一些以免损伤胸骨，而且每分钟宜按压 100 次左右。

（7）事故后处理工作

1）查明事故原因及责任人。

2）以书面形式向上级写出报告，包括发生事故时间，地点，受伤（死亡）人员姓名、性别、年龄、工种、伤害程度、受伤部位。

3）制定有效的预防措施，防止此类事故再次发生。

4）组织所有人员进行事故教育。

5）向所有人员宣读事故结果，及对责任人的处理意见。

第四节　火灾应急预案示例

一、消防应急救援预案

1. 组织机构

（1）指挥长：主要负责火灾发生后消防指挥工作，第一时间向消防部门报告火灾情况，同时负责调集人员、物资等立即抢险，把人员和物质损失控制在最小限度。并立即报告项目部经理，调查事故原因，制定整改措施。

（2）抢救组：负责灾情发生后立即准备伤员搜寻、救护工作，在医疗人员到来前将伤员妥善安置并对受伤部位做必要处理，在医疗人员抵达后辅助搬运伤员。

（3）疏散组：主要负责避免火灾发生后工人因恐慌而无序逃生造成消防通道拥堵，以及火场浓烟使人员迷失方向。火灾发生时疏散组成员立即奔赴各个安全通道，维持秩序，引导人员从通道撤离火场。

（4）灭火组：负责第一时间组织人员控制火势，配合消防人员进行灭火。

（5）车辆引导员：负责引导场内车辆为灭火腾出有效空间，同时引导消防和救护车辆进入场地、合理布局、有效作业。

（6）联络组：负责对内、外联络。

（7）保卫组：负责现场维护秩序。

2. 应急准备

（1）项目部根据实际情况配备足够的消防器材，并将标明消防器材布置点、安全通道的区域平面图张贴在显眼位置。对外联络电话：火警 119、急救 120。

（2）项目部建立相应的防火领导班子和防火职能班组并进行相应的培训。

（3）项目部每月检查一次，确保消防器材的完好性，并进行合理的维护保养。

（4）项目部每一季度一次对易燃物储存环境及电线线路进行检查，消除隐患，并保持防火通道、安全通道的畅通。

（5）项目部每年举行一次防火演练，通过演练检验并改进防火预案。

3. 应急响应

（1）火灾事故发生后，现场人员要立即发出警报，报告火灾类型和火势大小，启动防火紧急预案。

（2）抢救组首先要询问知情者火场情况以及伤员数量和轻重，然后依情况分组组织救护。

（3）疏散组立即在组长指挥下奔赴通往火灾地点的通道，指挥人员有序撤离，并为方便灭火组前往火场维持秩序。

（4）灭火组得到火灾信息立即组织人员分别用手持灭火器和水龙带进行灭火，消防人员到来后听从统一指挥，进行灭火。火灭后要立即关掉阀门并清理地上的积水。

（5）车辆引导员要时刻注意场内消防部署，及时引导对灭火和人员撤离有影响的车辆转移到妥善地点，在消防车和救护车赶到现场时引导员指引车辆进入现场。

（6）保安组自始至终要维持好现场秩序，禁止无关人员靠近火场及消防场地，保护消防设施，制止一切对消防活动起消极作用的行为。

（7）联络组随时进行上传下达，保持信息畅通。

4. 受伤人员急救措施

（1）防止烧伤。身体已经着火可就地打滚或用厚湿的衣物覆盖以压灭火苗，或者尽快脱去燃烧衣物，如果衣物与皮肤粘连在一起，应用冷水浇湿或浸湿后，轻轻脱去或剪去。

（2）冷却烧伤部位，用冷水冲洗、冷敷或浸泡肢体，降低皮肤温度。

（3）用干净纱布或被单覆盖和包裹烧伤创面，切忌在烧伤处涂各种药水和药膏，如紫药水、红药水等，以免掩盖病情。

（4）为防止烧伤休克，烧伤伤员可口服自制烧伤饮料糖盐水，如在 500 毫升开水中放入白糖 50 g 左右、食盐 1.5 g 左右制成。但是，切忌给烧伤伤员喝白开水。

（5）搬运烧伤伤员，动作要轻柔、平稳，尽量不要拖拉、滚动，以免加重皮肤损伤。

二、爆炸应急救援预案

1. 组织机构

（1）指挥长：主要负责爆炸爆燃事故发生后现场指挥工作，负责调集人员、物资，把人员和物质损失控制在最小限度。并立即报告项目部经理，调查事故原因，制定整改措施。

（2）抢救组：负责事故发生后立即开展伤员救护工作，在医疗人员到来前对伤员进行初步医疗护理并运离事故现场，对伤员妥善安置并在医疗人员抵达后帮助医疗人员了解现场人员伤亡情况，以利抢救并辅助搬运伤员。

（3）疏散组：主要负责避免爆炸发生后工人因恐慌而无序逃生造成消防通道拥堵，妨碍救护和爆炸引起火灾时的消防工作，维持现场秩序。

（4）消防组：如果爆炸伴随火灾，负责第一时间组织人员控制火势，配合消防人员进行灭火。同时负责被坍塌物掩盖、压伤人员的搜救工作。

（5）车辆引导员：负责引导场内车辆为抢险腾出有效空间，同时引导消防和救护车辆进入场地、合理布局、有效作业。

（6）保卫组：负责维护现场秩序，禁止与抢险无关人员进入现场，限制人员流动，为抢险救灾提供有序的环境。

2. 应急准备

（1）建立相应的领导班子及职能班组，并进行相应的培训。

（2）半年进行一次演练。

3. 应急响应

（1）爆炸事故发生后，现场人员要立即发出警报，提醒周围人员抢救伤员，同时组织人员采取措施防止伴随爆炸的火势蔓延。

（2）抢救组首先要了解爆炸事故情况以及伤员地点、数量和轻重，然后依情况分组携带必要器械组织救护。

（3）人员疏散组立即在组长指挥下奔赴通往事故地点的通道，指挥人员有序撤离，并为方便医疗和消防人员及时进入事故现场维持人员撤离秩序。

（4）消防组得到事故信息立即组织人员携带器械赶赴现场，搜救被物体压住、掩盖的伤员，同时用手持灭火器消灭事故现场伴随的火灾，对周围有潜在爆炸危险的物品进行隔离。

（5）车辆引导员要时刻注意场内抢险部署，及时引导对抢险和人员撤离有影响的车辆转移到妥善地点，在消防车和救护车赶到现场时引导员指引车辆进入现场。需要车辆、大型机械辅助抢险时及时联系相关人员。

（6）保安组自始至终要维护好现场秩序，禁止无关人员靠近事故现场及消防场地，保护消防设施，制止一切对抢险活动起消极作用的行为。

（7）每个抢险小组成员都要明确自己在爆炸爆燃事故发生时的职责，还应进行预演来检查应急的组织、人员、设施、工具是否能满足抢险的要求。如有不符合抢险要求的环节和措施应予以纠正。

4. 受伤人员急救措施

参见其他应急救援预案相关部分。

附录

生产经营单位生产安全事故应急预案
编制导则（GB/T 29639—2013）

1 范围

本标准规定了生产经营单位编制生产安全事故应急预案（以下简称应急预案）的编制程序、体系构成和综合应急预案、专项应急预案、现场处置方案以及附件。

本标准适用于生产经营单位的应急预案编制工作，其他社会组织和单位的应急预案编制可参照本标准执行。

2 规范性引用文件

下列文件对于本文件的应用是必不可少的。凡是注日期的引用文件，仅注日期的版本适用于本文件。凡是不注日期的引用文件，其最新版本（包括所有的修改单）适用于本文件。

GB/T 20000.4 标准化工作指南 第4部分：标准中涉及安全的内容。

AQ/T 9007 生产安全事故应急演练指南。

3 术语和定义

下列术语和定义适用于本文件。

3.1 应急预案 emergency plan

为有效预防和控制可能发生的事故，最大限度减少事故及其造成损害而预先制定的工作方案。

3.2 应急准备 emergency preparedness

针对可能发生的事故，为迅速、科学、有序地开展应急行动而预先进行的思想准备、组织准备和物资准备。

3.3　应急响应　emergency response

针对发生的事故，有关组织或人员采取的应急行动。

3.4　应急救援　emergency rescue

在应急响应过程中，为最大限度地降低事故造成的损失或危害，防止事故扩大，而采取的紧急措施或行动。

3.5　应急演练　emergency exercise

针对可能发生的事故情景，依据应急预案而模拟开展的应急活动。

4　应急预案编制程序

4.1　概述

生产经营单位应急预案编制程序包括成立应急预案编制工作组、资料收集、风险评估、应急能力评估、编制应急预案和应急预案评审六个步骤。

4.2　成立应急预案编制工作组

生产经营单位应结合本单位部门职能和分工，成立以单位主要负责人（或分管负责人）为组长，单位相关部门人员参加的应急预案编制工作组，明确工作职责和任务分工，制订工作计划，组织开展应急预案编制工作。

4.3　资料收集

应急预案编制工作组应收集与预案编制工作相关的法律法规、技术标准、应急预案、国内外同行业企业事故资料，同时收集本单位安全生产相关技术资料、周边环境影响、应急资源等有关资料。

4.4　风险评估

主要内容包括：

a）分析生产经营单位存在的危险因素，确定事故危险源；

b）分析可能发生的事故类型及后果，并指出可能产生的次生、衍生事故；

c）评估事故的危害程度和影响范围，提出风险防控措施。

4.5 应急能力评估

在全面调查和客观分析生产经营单位应急队伍、装备、物资等应急资源状况基础上开展应急能力评估，并依据评估结果，完善应急保障措施。

4.6 编制应急预案

依据生产经营单位风险评估以及应急能力评估结果，组织编制应急预案。应急预案编制应注重系统性和可操作性，做到与相关部门和单位应急预案相衔接。应急预案编制格式参见附录 A。

4.7 应急预案评审

应急预案编制完成后，生产经营单位应组织评审。评审分为内部评审和外部评审，内部评审由生产经营单位主要负责人组织有关部门和人员进行。外部评审由生产经营单位组织外部有关专家和人员进行评审。应急预案评审合格后，由生产经营单位主要负责人（或分管负责人）签发实施，并进行备案管理。

5 应急预案体系

5.1 概述

生产经营单位的应急预案体系主要由综合应急预案、专项应急预案和现场处置方案构成。生产经营单位应根据本单位组织管理体系、生产规模、危险源的性质以及可能发生的事故类型确定应急预案体系，并可根据本单位的实际情况，确定是否编制专项应急预案。风险因素单一的小微型生产经营单位可只编写现场处置方案。

5.2 综合应急预案

综合应急预案是生产经营单位应急预案体系的总纲，主要从总体上阐述事故的应急工作原则，包括生产经营单位的应急组织机构及职责、应急预案体系、事故风险描述、预警及信息报告、应急响应、保障措施、应急预案管理等内容。

5.3 专项应急预案

专项应急预案是生产经营单位为应对某一类型或某几种类型事

故，或者针对重要生产设施、重大危险源、重大活动等内容而定制的应急预案。专项应急预案主要包括事故风险分析、应急指挥机构及职责、处置程序和措施等内容。

5.4 现场处置方案

现场处置方案是生产经营单位根据不同事故类型，针对具体的场所、装置或设施所制定的应急处置措施，主要包括事故风险分析、应急工作职责、应急处置和注意事项等内容。生产经营单位应根据风险评估、岗位操作规程以及危险性控制措施，组织本单位现场作业人员及安全管理等专业人员共同编制现场处置方案。

6 综合应急预案主要内容

6.1 总则

6.1.1 编制目的

简述应急预案编制的目的。

6.1.2 编制依据

简述应急预案编制所依据的法律、法规、规章、标准和规范性文件以及相关应急预案等。

6.1.3 适用范围

说明应急预案适用的工作范围和事故类型、级别。

6.1.4 应急预案体系

说明生产经营单位应急预案体系的构成情况，可用框图形式表述。

6.1.5 应急工作原则

说明生产经营单位应急工作的原则，内容应简明扼要、明确具体。

6.2 事故风险描述

简述生产经营单位存在或可能发生的事故风险种类、发生的可能性以及严重程度及影响范围等。

6.3 应急组织机构及职责

明确生产经营单位的应急组织形式及组成单位或人员，可用结构图的形式表示，明确构成部门的职责。应急组织机构根据事故类型和应急工作需要，可设置相应的应急工作小组，并明确各小组的工作任务及职责。

6.4　预警及信息报告

6.4.1　预警

根据生产经营单位检测监控系统数据变化状况、事故险情紧急程度和发展势态或有关部门提供的预警信息进行预警，明确预警的条件、方式、方法和信息发布的程序。

6.4.2　信息报告

信息报告程序主要包括：

a）信息接收与通报

明确24小时应急值守电话、事故信息接收、通报程序和责任人。

b）信息上报

明确事故发生后向上级主管部门、上级单位报告事故信息的流程、内容、时限和责任人。

c）信息传递

明确事故发生后向本单位以外的有关部门或单位通报事故信息的方法、程序和责任人。

6.5　应急响应

6.5.1　响应分级

针对事故危害程度、影响范围和生产经营单位控制事态的能力，对事故应急响应进行分级，明确分级响应的基本原则。

6.5.2　响应程序

根据事故级别的发展态势，描述应急指挥机构启动、应急资源调配、应急救援、扩大应急等响应程序。

6.5.3　处置措施

针对可能发生的事故风险、事故危害程度和影响范围，制定相应的应急处置措施，明确处置原则和具体要求。

6.5.4 应急结束

明确现场应急响应结束的基本条件和要求。

6.6 信息公开

明确向有关新闻媒体、社会公众通报事故信息的部门、负责人和程序以及通报原则。

6.7 后期处置

主要明确污染物处理、生产秩序恢复、医疗救治、人员安置、善后赔偿、应急救援评估等内容。

6.8 保障措施

6.8.1 通信与信息保障

明确可为生产经营单位提供应急保障的相关单位及人员通信联系方式和方法，并提供备用方案。同时，建立信息通信系统及维护方案，确保应急期间信息通畅。

6.8.2 应急队伍保障

明确应急响应的人力资源，包括应急专家、专业应急队伍、兼职应急队伍等。

6.8.3 物资装备保障

明确生产经营单位的应急物资和装备的类型、数量、性能、存放位置、运输及使用条件、管理责任人及其联系方式等内容。

6.8.4 其他保障

根据应急工作需求而确定的其他相关保障措施（如经费保障、交通运输保障、治安保障、技术保障、医疗保障、后勤保障等）。

6.9 应急预案管理

6.9.1 应急预案培训

明确对生产经营单位人员开展的应急预案培训计划、方式和要求，使有关人员了解相关应急预案内容，熟悉应急职责、应急程序和现场处置方案。如果应急预案涉及社区和居民，要做好宣传教育和告知等工作。

6.9.2 应急预案演练

明确生产经营单位不同类型应急预案演练的形式、范围、频次、内容以及演练评估、总结等要求。

6.9.3 应急预案修订

明确应急预案修订的基本要求，并定期进行评审，实现可持续改进。

6.9.4 应急预案备案

明确应急预案的报备部门，并进行备案。

6.9.5 应急预案实施

明确应急预案实施的具体时间、负责制定与解释的部门。

7 专项应急预案主要内容

7.1 事故风险分析

针对可能发生的事故风险，分析事故发生的可能性以及严重程度、影响范围等。

7.2 应急指挥机构及职责

根据事故类型，明确应急指挥机构总指挥、副总指挥以及各成员单位或人员的具体职责。应急指挥机构可以设置相应的应急救援工作小组，明确各小组的工作任务及主要负责人职责。

7.3 处置程序

明确事故及事故险情信息报告程序和内容、报告方式和责任等内容。根据事故响应级别，具体描述事故接警报告和记录、应急指挥机构启动、应急指挥、资源调配、应急救援、扩大应急等应急响应程序。

7.4 处置措施

针对可能发生的事故风险、事故危害程度和影响范围，制定相应的应急处置措施，明确处置原则和具体要求。

8 现场处置方案主要内容

8.1 事故风险分析

主要包括：

a）事故类型；

b）事故发生的区域、地点或装置的名称；

c）事故发生的可能时间、事故的危害严重程度及其影响范围；

d）事故前可能出现的征兆；

e）事故可能引发的次生、衍生事故。

8.2 应急工作职责

根据现场工作岗位、组织形式及人员构成，明确各岗位人员的应急工作分工和职责。

8.3 应急处置

主要包括以下内容：

a）事故应急处置程序。分局可能发生的事故及现场情况，明确事故报警、各项应急措施启动、应急救护人员的引导、事故扩大及同生产经营单位应急预案的衔接的程序。

b）现场应急处置措施。针对可能发生的火灾、爆炸、危险化学品泄漏、坍塌、水患、机动车辆伤害等，从人员救护、工艺操作、事故控制、消防、现场恢复等方面制定明确的应急处置措施。

c）明确报警负责人以及报警电话及上级管理部门、相关应急救援单位联络方式和联系人员，事故报告基本要求和内容。

8.4 注意事项

主要包括：

a）佩戴个人防护器具方面的注意事项；

b）使用抢险救援器材方面的注意事项；

c）采取救援对策或措施方面的注意事项；

d）现场自救和互救注意事项；

e）现场应急处置能力确认和人员安全防护等事项；

f) 应急救援结束后的注意事项；

g) 其他需要特别警示的事项。

9 附件

9.1 有关应急部门、机构或人员的联系方式

列出应急工作中需要联系的部门、机构或人员的多种联系方式，当发生变化时及时进行更新。

9.2 应急物资装备的名录或清单

列出应急预案涉及的主要物资和装备名称、型号、性能、数量、存放地点、运输和使用条件、管理责任人和联系电话等。

9.3 规范化格式文本

应急信息接报、处理、上报等规范化格式文本。

9.4 关键的路线、标识和图纸

主要包括：

a) 警报系统分布及覆盖范围；

b) 重要防护目标、危险源一览表、分布图；

c) 应急指挥部位置及救援队伍行动路线；

d) 疏散路线、警戒范围、重要地点等的标识；

e) 相关平面布置图纸、救援力量的分布图纸等。

9.5 有关协议或备忘录

列出与相关应急救援部门签订的应急救援协议或备忘录。

附录 A
应急预案编制格式

A.1 封面

应急预案封面主要包括应急预案编号、应急预案版本号、生产经营单位名称、应急预案名称、编制单位名称、颁布日期等内容。

A.2 批准页

应急预案应经生产经营单位主要负责人（或分管负责人）批准方可发布。

A.3　目次

应急预案应设置目次，目次中所列的内容及次序如下：

——批准页；

——章的编号、标题；

——带有标题的条的编号、标题（需要时列出）；

——附件，用序号表明其顺序。

A.4　印刷与装订

应急预案推荐采用 A4 版面印刷，活页装订。